世界文学名著名译典藏

插图精华本

# 森林报

〔苏〕比安基◎著　沈念驹◎译

ЛЕСНАЯ ГАЗЕТА

长江出版传媒 | 长江文艺出版社

图书在版编目（C I P）数据

森林报 / （苏）比安基著；沈念驹译. -- 武汉 ：
长江文艺出版社，2018.6
（世界文学名著名译典藏）
ISBN 978-7-5702-0297-3

Ⅰ. ①森… Ⅱ. ①比… ②沈… Ⅲ. ①森林－少儿读
物 Ⅳ. ①S7-49

中国版本图书馆 CIP 数据核字(2018)第 062092 号

责任编辑：黄文娟　　责任校对：陈　琪
封面设计：格林图书　　责任印制：邱　莉　杨　帆

出版：长江出版传媒 | 长江文艺出版社
地址：武汉市雄楚大街 268 号　　邮编：430070
发行：长江文艺出版社
电话：027—87679360
http://www.cjlap.com
印刷：湖北恒泰印务有限公司

开本：880 毫米×1230 毫米　1/32　　印张：10.25　　插页：4 页
版次：2018 年 6 月第 1 版　　2018 年 6 月第 1 次印刷
字数：266 千字

定价：32.00 元

# 前　言

维塔里·瓦连季诺维奇·比安基是俄罗斯著名儿童文学作家，1894年2月11日生于彼得堡一个生物学家的家庭。他从小受家庭的熏陶，对大自然的奥秘产生了浓厚的兴趣，有一种探索其奥秘的强烈愿望，后来报考并升入彼得堡大学物理数学系，学习自然专业，与家庭的影响是有关的。他在科学考察、旅行、狩猎及与护林员、老猎人的交往中留心观察和研究自然界的各种生物，积累了丰富的素材，使以后的文学创作有了坚实的基础，使他笔下的生灵栩栩如生，形象逼真动人。1928年问世的《森林报》是他正式走上文学创作道路的标志。1959年6月10日比安基在列宁格勒逝世，享年65岁。他的创作除了《森林报》，还有作品集《森林中的真事和传说》(1957年)，《中短篇小说集》(1959年)，《短篇小说和童话集》(1960年)。

比安基的创作以小读者为对象，旨在以生动的故事和写实的叙述，向少年儿童传授科学知识，激发其探索大自然奥秘的兴趣，并从小培养热爱大自然、关注并保护生态环境的意识。

《森林报》虽然问世于1928年①，但在此后的几十年里一再重版（至1961年已出到第10版），究其原因，就是它以独特的视角和独特的表现手法所宣扬的“人与自然和谐相处”的主题，具有恒久不衰的生命力。如果说作家在中短篇小说中描写的主要是动物故事及与动物相关的人的故事，那么《森林报》则向读者全面展示了自然界的大千世界，举凡天地水陆所有的生灵都有涉及。不仅如此，他还对当时苏联全国各地山川形胜和自然环境有生动的描述，使小读者在轻松愉快、饶有趣味的阅读中潜移默化地产生对祖国的情感。

当时序进入21世纪，经济的发展、科技的进步使人类对大自然过度的索取受到大自然越来越强烈的报复时，“人与自然和谐相处”的命题从来没有像今天这样严峻地摆在作为万物灵长的人类面前。希望《森林报》又一个中译本的问世，能对中国未来的一代早早地树立起热爱自然、关注环境的理念产生有益的影响。

20世纪50年代初，在特定的国际环境中，由于西方世界对新生的中华人民共和国的敌视和封锁，我们只能走“向苏联一边倒”这条路。由此引发了国内的学俄语热和引进苏俄文化、科技热。后来随着20世纪60年代初的中苏交恶和20世纪70年代末中国对世界的开放，国内学英语和其他语种的人越来越多，俄语

---

① 据苏联百科全书国家科学出版社1962年俄文版《简明文学百科全书》有关条目载，《森林报》首版于1928年，与本书《致读者》一文的首版于1927年一说有异，姑立此存照。

逐渐成为学校教学中的小语种学科，同时西方文化和科技的大量涌入，使原先热门的俄语和对俄罗斯文化的介绍，比重自然下降。如今，从二十世纪五六十年代过来的人所熟悉的有关俄罗斯的东西，年青一代就比较陌生了，幼小的一代更生疏。因此，在本书译文中有必要对有些关涉俄罗斯文化而为当今青少年所陌生的东西有所交代，这就是译者在译本中加了许多注的原因。译者仍然希望自己的善意并非多此一举。俄文原著中也有极少的注释，译者在翻译时如觉得有必要向中国读者交代，就据实译出，并注明“原作者注”字样。凡译者自己的注释，则不再说明。

本书涉及动植物的知识相当广博，以译者的浅陋，在翻译过程中遇到的困难是很多的，有时可能超过文学经典翻译中所遇的困难，需要查阅许多工具书和资料。即使这样，仍然可能会出现译者力所不逮的问题。对此，谨祈同行和方家批评指正。

译者

2009 年冬于杭州西溪陋室

# 目　录



# 春

## 第一期　苏醒月（春一月）



## 第二期　候鸟回乡月（春二月）

# 秋

## 第七期　候鸟辞乡月（秋一月）



## 第八期　仓满粮足月　（秋二月）



## 第九期　冬季客至月（秋三月）

# 冬

## 第十期　小道初白月（冬一月）



## 第十一期　啼饥号寒月（冬二月）

## 第十二期　熬待春归月（冬三月）

纪念我的父亲
瓦连京·利沃维奇·比安基

# 致读者

一般的报刊，写的都是关于人的事。然而孩子们感兴趣的是野兽、鸟类和昆虫如何生活的。

森林里发生的事情不比城市里少。那里照样有各行各业，经常过快乐的节日，也常有不幸事件发生。那里有自己的英雄和盗贼。而城市里的报刊却很少写这方面的事，所以谁也不知道森林里的所有新闻。

比如说有谁听说过在我们列宁格勒州，在冰天雪地的严冬会从地里爬出不长翅膀的蚊子，而且光着脚丫子在雪地里飞奔呢？关于森林中的巨兽驼鹿与驼鹿的鏖战，关于候鸟迢迢万里的长途迁徙，关于黑水鸡徒步穿越整个欧洲的有趣旅行，你能从哪一份报上读到呢？

有关这一切种种的故事都可以在《森林报》上读到。

我们将十二期《森林报》（每月一期）合订成一册。每一期都由编辑部的文章、我们驻林地记者的电报和书信以及有关狩猎的故事组成。

我们驻林地的记者是些什么样的人呢？他们是孩子、猎人、科学家和护林员——所有在森林里跋涉，对野兽、鸟类和昆虫的生活感兴趣，记录森林里发生的形形色色事件并将其寄往我们编辑部的人。

独立成书的《森林报》首次问世是在 1927 年。从那时起它已重版了七次，每次都补充了新的篇章。

我们将一名专职记者派到著名猎人塞索伊·塞索伊奇身边。他们一起打猎，当他们坐在篝火边休息时，塞索伊·塞索伊奇就讲述自己的历险奇遇。我们的记者便把他讲的故事记录下来，寄往我们编辑部。

《森林报》诞生在列宁格勒①，也在那里印刷出版；这是一份州报。报上报道的所有事件几乎都发生在列宁格勒州或就在列宁格勒市内。

然而我们国家幅员辽阔。大到北方边境风雪漫天、冷得连血液都会结冰，而南方边陲却赤日炎炎、鲜花盛开；我们祖国西部的孩子们正酣然入梦，东部的孩子们却已经睡醒，正在起床。所以《森林报》的读者希望从本报不仅能了解列宁格勒州发生的事，而且能了解与此同时在我国各地发生的事。按照我们读者的要求，我们在《森林报》上设置了我们的记者发自苏联各地的“无线电通报”栏目。

我们刊登塔斯社②有关我们的小伙伴们的工作和功绩的一系列消息。

我们还请求生物科学博士、植物学家和女作家尼娜·米哈伊洛夫娜·帕甫洛娃为我们的《森林报》撰写有关我国许多有趣的植物的文章。

我们的读者应当了解大自然的生活，以便学会改造自然，按自己的意愿支配植物和动物的生活。

要知道当我们《森林报》的读者长大以后，他们自己就将培育令人惊异的植物新品种，将会为了祖国的利益管理森林里的生命。

---

① 这是圣彼得堡在苏联时期从 1924 年起的名称，1991 年底苏联解体后恢复原名。

② 俄文“苏联电报通讯社”的音译，系由四个俄文单词的第一个字母组成的缩写词。苏联解体后，该社至今仍沿用“塔斯”的原名。

但是为了给国家带来益处，而不是危害，就应当好生了解亲爱的大自然，应当好生研究植物和动物的生活。

我们的首位驻林地记者

*德米特里·尼基福罗维奇·卡依戈罗多夫*

# 本报首位驻林地记者

在早年，列宁格勒人和林区居民经常会在公园里遇见一位戴眼镜、目光专注的白发教授。他常竖耳谛听鸟儿的啼鸣，仔细观察每一只飞经身边的蝴蝶或苍蝇。

我们大城市的居民不善于发现春天里每一只新出现的鸟儿或蝴蝶，而春天林中新发生的任何一件事都逃不过他的眼睛。

这位教授名叫德米特里·尼基福罗维奇·卡依戈罗多夫。德米特里·尼基福罗维奇对我们城市及其近郊充满活力的大自然一连观察了半个世纪。整整五十年，他眼看着春季替代了冬季，夏季替代了春季，秋季替代了夏季，于是冬季又复来临。鸟群飞走又飞来，花朵和树木花开又花落。德米特里·尼基福罗维奇一丝不苟地记录自己的观察结果：什么时间出现什么现象，然后在报上发表。

他还呼吁别人，尤其是青年，观察大自然，记录观察所得并把笔记寄给他。许多人响应了他的呼吁。他那支记者观察员的队伍年复一年地在壮大又壮大。

如今许多热爱大自然的人——我国的方志学家、学者、少先队员和小学生都效法德米特里·尼基福罗维奇开创的先例，继续进行这样的观察并收集观察结果。

在五十年中，德米特里·尼基福罗维奇已经积累了许多观察的结果。他把这一切都整合在一起。所以现在，由于他持久、顽强、细心的工作和我们的读者未闻其名的其他许多科学家的劳动，我们知道春季里什么时候哪些鸟类飞来我们这里，秋季里它们又何时飞离我们，我们的鲜花和树木又如何生活。

德米特里·尼基福罗维奇为孩子和成人写了许多有关鸟类、森林和田野的书。他亲自在小学里工作，并且总是证明：孩子们研究亲爱的大自然应当不是在书本上，而是在林间和田野散步的时候。

1924年2月11日，由于久患重病，德米特里·尼基福罗维奇去世了，未能活到新一年春季的来临。

我们将永远纪念他。

# 森林年

我们的读者可能会以为印在《森林报》上有关森林和城市的消息都是旧闻。其实不是这么回事。不错，每年总是有春天，然而每年的春天都是新的，无论你生活多少年，你不可能看见两个相同的春天。

年仿佛一个装着十二根辐条（十二个月）的车轮：十二根辐条都闪过一遍，车轮就转过整整一圈，于是又轮到第一根辐条闪过。可是车轮已经不在原地，而是远远地向前滚去。

又是春季来临，森林开始苏醒，狗熊爬出洞穴，河水淹没居住地下的生灵，候鸟飞临。鸟类又开始嬉戏、舞蹈，野兽生下幼崽。于是读者将在《森林报》上发现林间最新的所有消息。

我们在这里刊登每年的森林年历。它与一般的年历很少有相似之处，不过这没有什么好大惊小怪的。

因为野兽和鸟类可不按咱们人类的时令办事；它们自有特殊的年历：林中万物按太阳的运行生活。

一年之间太阳在天空走完一个大圆。每一个月它经过一个星座——黄道十二宫①（即所谓的十二星座）的一宫。

在森林年历上元旦不在冬季，而在春季——当太阳进入白羊星座的时候。当森林迎来太阳的时候，那里常常充满了欢乐的节日；而森林送走太阳的时候，就是忧愁寡欢的日子。

我们把森林年历也同我们的年历一样划分为十二个月。只是我们对这十二个月按另一种方式，也就是按森林里的方式称呼。

## 森林年历

**月份**

1 月　苏醒月（春一月）——3 月 21 日至 4 月 20 日
2 月　候鸟回乡月（春二月）——4 月 21 日至 5 月 20 日
3 月　歌舞月（春三月）——5 月 21 日至 6 月 20 日
4 月　筑巢月（夏一月）——6 月 21 日至 7 月 20 日
5 月　育雏月（夏二月）——7 月 21 日至 8 月 20 日
6 月　成群月（夏三月）——8 月 21 日至 9 月 20 日
7 月　候鸟辞乡月（秋一月）——9 月 21 日至 10 月 20 日
8 月　仓满粮足月（秋二月）——10 月 21 日至 11 月 20 日
9 月　冬季客至月（秋三月）——11 月 21 日至 12 月 20 日
10 月　小道初白月（冬一月）——12 月 21 日至 1 月 20 日
11 月　啼饥号寒月（冬二月）——1 月 21 日至 2 月 20 日
12 月　熬待春归月（冬三月）——2 月 21 日至 3 月 20 日

---

① 在地球绕太阳做圆周运动时，在地球上看来，似乎太阳在天空每年做一次圆周运动，太阳的这一移动路线（视路径）就叫“黄道”，沿黄道分布的黄道十二星座的总称叫“黄道带”，这十二个星座对应十二个月，每个月用太阳在该月所在的星座符号来标示。由于春分点的不断移动（约七十年移动一度），目前太阳每月的位置都在两个邻近星座之间，但每月仍保留以前的符号，这十二星座的名称从春分点起（3 月 20 日或 21 日）依次为：白羊、金牛、双子、巨蟹、狮子、室女、天秤、天蝎、人马、摩羯、宝瓶、双鱼。

# 春

# 森　林　报

No. 1

苏醒月

（春一月）

3 月 21 日至 4 月 20 日

太阳进入白羊星座

第一期目录

# 新年好

春季第一个月的第一天3月21日是春分。太阳悬在天空的时间正好十二个小时。日和夜的时间长度相等。这一天万物庆贺新年，时令转入春季。

# 林间纪事

## 白嘴鸦开启新春之门

乡村里到处出现大群大群的白嘴鸦。白嘴鸦在南方度过冬天。它们趁着好天气急急忙忙赶回故乡，一天之内飞越 100 公里。在飞行途中它们遇到了强大的暴风雪。几十上百只鸟儿因体力耗尽而在途中牺牲。最先飞回的是体力最好的。现在它们正在休息。它们扬扬自得地在路上来回踱步，勤勤恳恳地用坚硬的嘴巴在土中掏掘觅食。

## 雪地里吃奶的孩子

田野里还是白雪皑皑，可是兔子却已经在产小兔崽了。

小兔崽生下来就看得见，身上裹着厚厚的毛皮。它们一来到这世上就会奔跑。吃饱了妈妈的奶以后，它们到处乱跑，藏到灌木丛和草丛下面。它们躺在那里安安静静的，也不调皮捣蛋，即使妈妈跑到了别处。

过了一天，又过了一天、两天。兔妈妈在整个田野里到处蹦蹦跳跳，早把小兔崽忘得干干净净。小兔崽却还在原地躺着。它

们可不能到处乱跑：万一正好被鹞鹰发现或撞到狐狸出没的地方呢！

终于有一次旁边有一只兔妈妈经过。不过这不是它们的妈妈，而是别家的阿姨。小兔崽们向它跳去：喂我们吃吧！行，那有什么好说的，请吃吧！它把它们喂饱了，又顾自向前去了。

于是小兔崽们又躺到了灌木丛下。而它们的妈妈却在别的地方喂别家的小兔崽吃奶。

兔子就是这么办的：所有的小兔崽都被认为是大家的孩子。母兔无论在哪儿遇见兔崽子，都会喂它们吃奶。对它来说这些兔崽子是它自己生的还是别家的，都一样。

你们可能会想这些流浪小兔崽日子是不是过得很糟糕，一点儿也不！它们身上暖暖的：裹着皮大衣呢。而兔子的奶呢又甜又浓，小兔崽只要一次吸足了，以后一连几天都不会觉得肚子饿。

## 最先开放的鲜花

出现了最先开放的鲜花。但是在地面上见不着它们，因为它们还被白雪覆盖着。只有在森林的边缘才有潺潺流淌的春水，水沟里水满到了边。就在这儿，棕褐色的春水上方，一棵榛子树光秃秃的枝条上，冒出了最先绽放的鲜花。

树枝上垂挂着一串串柔软的尾巴样花穗，它们被称为柔荑花序，但并不像耳环①。如果你摇晃一下这样的花穗，就会有花粉像云一样纷纷飘下来。

然而还有叫人惊讶的事呢：在榛子树的这些枝条上还有别的花。这些花成双或成三地长着，可以把它们看做花蕾，但是从每一个花蕾的顶端伸出一对浅红色线状的小舌头。

① 在俄语中“柔荑花序”和“耳环”两词的发音和拼写完全相同，两者都读如“谢辽什卡”。柔荑花序是植物学上的名称，指具有许多单性花的下垂的轴上所生的穗状花序，如柳、桦都是。

这是柱头①，能抓捕从别的榛子树上飘来的花粉。

风儿自由地在光秃的枝条间游荡，因为上面还没有叶子，所以没有任何东西妨碍它摇晃花穗并接住花粉。

榛子树的花谢了。花穗也脱落了。奇异的蕾状小花上浅红色的小舌头也干枯了。但是每一朵这样的小花变成了一颗榛子。

*H. 帕甫洛娃*

## 春天里的花招

在森林里凶猛的动物要攻击温和的动物。在哪儿发现，就在哪儿抓捕。

冬季在白茫茫的雪地里你不会很快发现白色的雪兔和山鹑。可如今正在融雪，许多地方露出了土地。狼、狐狸、鹞鹰、猫头鹰，甚至小小的白鼬和银鼠都老远就能发现融雪后露出的黑色地面反衬下的白色皮毛和羽毛。

于是雪兔和白山鹑就使出了鬼点子：它们把毛褪了，换了颜色。雪兔全身变成了灰色，山鹑把许多白色的羽毛脱了，在那里长出了带黑条纹的棕红和铁锈红的新羽毛。现在雪兔和山鹑不那么容易被发现了：它们穿上了伪装。

一些具有攻击性的动物也被迫采取了伪装。银鼠在冬季全身一片白色，白鼬也一样，只是尾巴的末端是黑的。这样它们俩在雪地里能很方便地向生性温和的动物偷偷逼近：白

① 柱头，植物学名词，它是花中雌蕊的顶端，能承受花粉。

对白。可现在它们也褪了毛，变成了灰色。银鼠一身灰色，不过白鼬尾巴的末端仍然和原来一样，还是黑的。但是你要知道衣服上的小黑斑无论冬夏都没有坏处：因为雪里也有小黑点——尘屑和小树枝，至于在地面和草上你想要多少就有多少。

## 崩 塌

森林里开始发生可怕的雪崩。

松鼠正在一棵大云杉的树枝上自己温暖的窝里睡觉。

突然，从树的顶端落下沉甸甸的一团雪，正好砸在窝顶。松鼠跳出了窝，可是它无助的新生幼崽却留在了窝里。

松鼠立马开始把雪往四下里扒。幸好，看来雪只压到了用粗大的枝条搭成的窝顶，用柔软的苔藓做成的圆形内窝完好无损。小松鼠在窝里甚至没有被惊醒。它们还很小——跟小老鼠一般大，身上光溜溜的，还没有开眼，也不懂事。

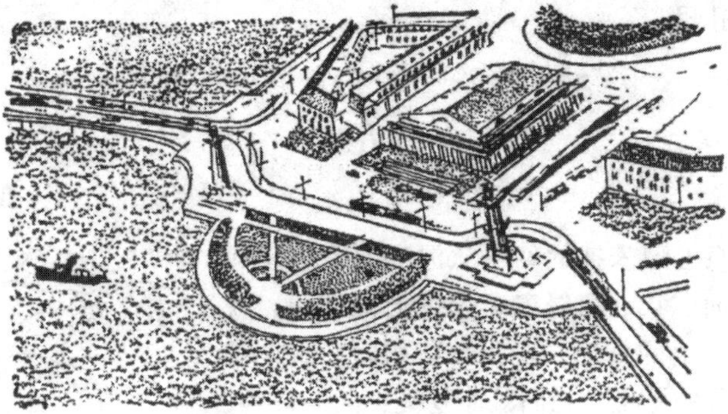

# 都市新闻

## 走访顶层阁楼间

《森林报》的一名记者最近几天走访了城市中心区的许多人家，以便了解住在顶层阁楼间居民们的生活条件。

占据此地各个角落的鸟儿似乎对自己的住处相当满意。谁个觉得冷，就可以把身子紧贴到炉灶的烟囱边，利用免费的供暖设施。鸽子已经在孵卵，麻雀和寒鸦在全城收集筑巢的秸秆和制作自己羽绒褥子用的绒毛与羽毛。

鸟儿唯一抱怨的是猫咪和小孩儿，因为他们常捣毁它们的鸟窝。

## 昏昏欲睡的苍蝇

户外出现了蓝中带绿、有金属光泽的大苍蝇。它们现出一副昏昏欲睡的样子，仿佛在秋天似的。它们还不会飞，只是摇摇晃晃地撑着细细的腿，在房屋的墙上爬行。

苍蝇整个白天都在太阳下取暖，到夜间又爬进墙壁和围墙的缝隙与小孔里。

## 迎春虫

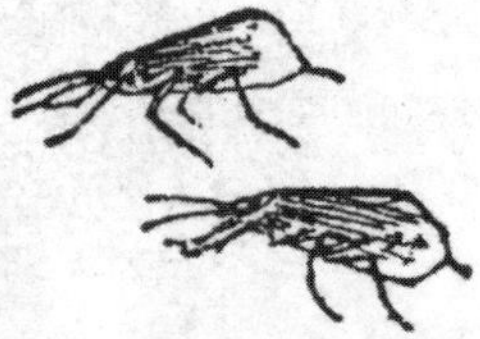

几只丑陋笨拙的幼虫从河上的冰缝里爬出了水面。它们攀缘着爬上滨河的街道，蜕掉裹在身上的外皮，变为长着翅膀、身体细小、匀称的昆虫，它们既非苍蝇，又非蝴蝶，它们是襀翅目的迎春虫①。

它们虽然长着长长的翅膀，身体又轻，却还不会飞翔，因为还很虚弱。它们需要阳光。

它们徒步穿越马路。行人、马蹄和汽车轮子都会把它们碾死。麻雀会利索地将它们当做美食。可是它们依然不停地走着，走着，因为它们的数量有成千上万。

成功穿越了街道的迎春虫，就能爬上房屋的墙壁去享受阳光。

## 小蚊子飞舞

在阳光明媚、气候温暖的日子，已经有小蚊子在空中飞舞了。对它们不必害怕，因为它们不叮人，它们是舞虻。

它们汇成小小的一群，像一根小柱子那样停留在空中，彼此碰撞，飞舞打转。凡是有许多舞虻的地方，空中就布满了像雀斑一样的小点儿。

---

① 迎春虫，这是一个昆虫的种类，属于襀翅目，翅展1—8厘米，约有2000种，栖息于流动水体附近。成虫出现于早春。俄语中“襀翅目”一词与“春歌”一词相同，故译者又依其成虫出现于早春的特点，权将其译为“迎春虫”。

## 最先现身的蝴蝶

蝴蝶在阳光下吹风，弄干自己的翅膀。

最先现身的蝴蝶是在顶层阁楼间越冬的带红点的暗褐色荨麻蛱蝶和淡黄色黄粉蝶。

## 春天的鲜花

在花园、公园和院子里，款冬①淡黄色的花朵盛开了。

街上已经在出售采自森林的早春的鲜花花束。卖花人称这种花为“雪下紫罗兰”，尽管无论花的形状还是香味都不大像紫罗兰。它的正式名称是“蓝色獐耳细辛”。

树木也正在苏醒：白桦树的体内汁液已开始流动。

① 款冬，菊科多年生草本植物，叶圆形，可入药，有祛痰功效，一面光滑，贴到脸上有凉意，另一面有茸毛，贴到脸上有暖意。故俄语中该植物的名称如按字面意译当为“亲娘和后娘”。

## 来自天空的号角声

列宁格勒的居民们十分吃惊：天空中传来了号角声。在朝霞刚刚升起的时候，这声音听起来非常清晰，当时城市尚未从睡梦中苏醒，街道上也没有车辆过往的辘辘声。

如果有人眼力好，仔细望去，就会发现就在白云下面有一群伸直了长脖子的白色大鸟。

这是野生的天鹅——黄嘴天鹅的鸟阵在飞行。

每年春季它们从我们城市的上空飞过，用号角般的嘹亮声音鸣叫：啧！啧！啧！啧！但是由于街上车来人往熙熙攘攘的喧闹声，我们不大能听到它们的鸣叫。

现在天鹅正匆匆赶往科纳半岛的营巢栖息地，阿尔汉格尔斯克近郊，北德维纳河的两岸。

# 狩猎纪事

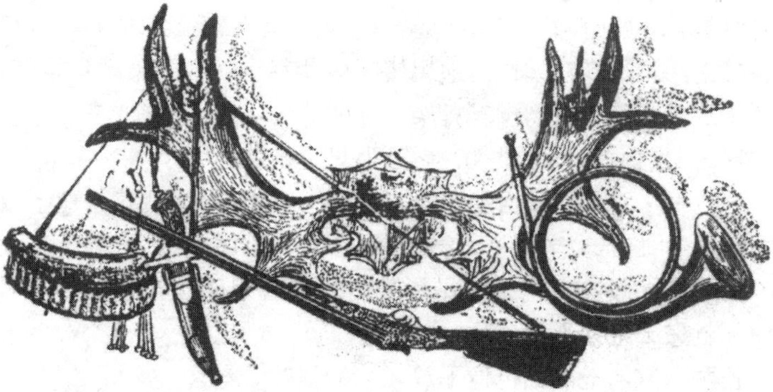

春季的狩猎只允许在一个短暂的期限内进行。如果春天来得早，狩猎开始得也早，如果春天来得迟，狩猎开始得也迟。

春季狩猎的对象是林中和水中生活的鸟类。只能打雄鸟——公野鸡和公野鸭，而且不许带猎狗。

## 伏猎丘鹬

猎人白天出城，傍晚他已经在森林里了。

苍茫无风的傍晚，下着毛毛细雨，天气暖和，是张网捕猎的好天气。

猎人选择了一块林边空地，站到了一棵小云杉树前面。周围林子的树都不高，有赤杨、白桦和云杉。离太阳下山还有一刻钟，眼下还有时间抽口烟，过会儿就不能抽了。

猎人站定了听着：林子里鸟儿各展歌喉唱着各样的曲儿，鸫鸟在云杉尖尖的树顶啾啾唧唧地啼鸣，红胸鸲鸟在密林里吱吱地叫。

太阳落下了，鸟儿一只接一只地停止了歌唱。最后安静下来的是善鸣的鸫鸟和鸲鸟。

现在守候着，听仔细了！林子上空变得那么安静：

“哧，哧！嚯—尔，嚯—尔！”

“哧，哧！”

对了，一共是两只！

林中两只长嘴丘鹬快速地用翅膀扇动着空气，在森林上空疾飞。

一只紧跟着一只，没有打架。

这表明前面那只是雌鸟，后面那只是雄鸟。

砰！……于是，后面那只丘鹬在空中一圈圈翻滚着徐徐下落到灌木丛里。

猎人箭一般向它跑去：要是受伤的禽兽逃跑了，钻到了灌木丛下面，就怎么也找不到了。

丘鹬所有羽毛的颜色像平放在地的枯叶。

就是它——挂在了灌木上。

这时旁边又有一处传来了一只叫“哧哧”、另一只叫“嚯尔”的声音。

还远着呢，枪弹够不着。

猎人又站到了云杉后面。他谛听着，打起了精神。林子里寂然无声。

又来了：

“哧，哧！嚯—尔，嚯—尔！”

声音来自旁边，来自旁边——远得很……

把它引过来？它会拐过来吗，也许？

猎人摘下帽子，抛向空中。

丘鹬眼很尖，正看着呢：在昏暗的暮色中它在窥视着雌鸟。它发现有一件东西从地上升起来，又向下落去。

是雌鹬吗？

它拐了个弯，猛冲过来——正对猎人的方向。

砰！——这一只也一个跟头翻落下来了，像一块木头一样碰到了地面。一枪致命！

天黑下来了。时而这儿时而那儿传来“哧哧”、“嚯尔”的叫声，——只是拐来拐去的。

猎人的手激动得在打战。

砰！砰！——擦边而过！

砰！砰！——又打偏了！

最好别开枪，放过一两只，——得让它们宽宽心。

这时手的颤抖过去了。

现在可以打了。

森林中黑暗的深处，雕鸮①在一个地方发出低沉而可怕的呜呜叫声。鸫鸟在朦胧中尖厉而惊恐地叽叽叫起来。

天黑了——很快就开不了枪了。

听，终于来了：

“哧，哧！”

另一方向也叫了起来：

“哧，哧！”

这两只鸟正好在猎人头顶上空碰上了，还打了起来。

“砰！砰！”——连发两枪，两只都掉了下来。一只像一团土那样掉下来，另一只一圈圈翻滚着落下，直接落在他脚边。

现在该走了。

趁小路还看得清，应当到靠近鸟类发情的地方去。

## 松鸡情场

夜里猎人坐在林子里，吃了点东西，就着军用水壶里的水吞下肚去：不能生火，会把鸟惊飞的。

不用等多久就要天亮了，而求偶却开始得很早——在快天亮的时候。

雕鸮在黑夜的寂静中低沉地呜呜叫了两次。

---

① 雕鸮，鸮形目的猛禽，品种很多，猫头鹰即为其中之一。

这该死的东西，会把求偶的两只鸟赶散的！

东方的天边稍稍露了点白色，就隐隐约约听见在一个地方松鸡开始“得得”“咯咯”地叫了。

猎人霍的一下跳将起来，倾听着。

现在是第二只在叫了。不远，离他一百五十步的地方。第三只……

猎人蹑手蹑脚地走着，一点点靠近。双手握着猎枪，扳机已经扣上。眼睛紧紧盯住黑黢黢的一棵棵粗壮的云杉。

现在得得的叫声停止了，松鸡开始咯咯地叫起来，它的好戏开始了——唱起了带颤音的歌声。

猎人大步流星地离开原先站立的位置——一下，两下，三下，然后像栽进地里似的站定了。

发颤的歌声戛然而止，变得寂然无声。

松鸡现在正高度戒备着，在竖耳谛听。它耳朵尖得很，只要你轻轻发出一点咔嚓声，它马上就脱身飞走，翅膀在林子里发出很响的扇动声，于是消失得无影无踪。它什么也没听见，又得得叫起来：

“得—得！得—得！”仿佛两块木头响板在相互轻轻地敲击。

猎人站着。

松鸡又好戏开场。

猎人纵身一跳。

松鸡唱起了情歌，中断了得得的叫声。

猎人的一条腿刚抬起就停住不动了。松鸡屏住了呼吸：它又在倾听。

又和刚才一样叫起来：“得—得！得—得！”

如此循环往复了好多次。

这时猎人已近在咫尺，松鸡就停在这几棵云杉树的某一处——低低的，半棵树高的位置！

它正在谈情说爱，头脑完全发热了，现在已经什么也听不见，即使你大喊大叫也没关系！

但是它究竟在哪里呢？在黑压压的针叶丛里你是分辨不清的。

嘿，你这个鬼精灵！就在那儿！在一根毛茸茸的云杉树枝上，就在近旁，离这儿三十步左右，眼见得一个长长黑黑的脖子，长一撮山羊胡子的一个鸟脑袋……

它不叫了，一动也不动……

“得—得！得—得！”——接着是带颤音的歌声。

猎人举起了猎枪。

准星在一只大鸟黑魆魆的身影上游移，它畜着一撮胡子，有个像一把大扇子那样张开的尾巴。

应当选择一个致命点瞄准。霰弹打到松鸡紧密的翅膀上会滑落，伤不到躯体庞大的鸟儿。最好击中头颈。

砰！……

看你怎么样，大公鸡！它身高体大，重量不会少于5公斤！它的眉毛红红的，跟淋了血似的……

# 林间剧院

## *黑琴鸡的情场*

*（本报特派记者）*

在一块很大的林间空地上正在上演一场好戏。太阳还没有升起，但什么都看得见：是个白夜。

看戏的观众已经聚集在一起，它们是黑琴鸡的雏鸟。有几只在地上觅食，另外几只神气十足地停在树上。

它们正在等演出开始。

这时从森林里飞出一只黑琴鸡，降落到林间空地的中央，它全身漆黑，翅膀上有几道白条纹。

它用像纽扣一样黑的一双眼睛敏锐地打量着情场……

林间空地上除了做看客的雏鸟，还没有别的角儿。

可是那灌木丛后面是什么？好像昨天那儿没那玩意儿？再说了，有那样的荒唐事吗：难道一昼夜之间小云杉会长高一米？记不起了，简直……老了，记忆力衰退了。

是开场的时候了。

情场的主角再次回头看了一眼观众，曲颈俯首向着地面，竖起了富丽堂皇的尾巴，将斜伸的两只翅膀碰着了地。

这时它开始喃喃自语。

那声音听起来是这样的：

“我要把大衣卖掉，买回一件肥外套，买回一件肥外套！”

它挺直了身子，对情场四下里环顾一番，又叫了起来：

“买回一件肥外套，买回一件肥外套！”

笃！又一只公黑琴鸡在情场降落。

笃！笃！——越来越多的公黑琴鸡飞来，将自己坚强的腿脚落到地面上。

嘿，你这个情场主角，瞧你这副气势汹汹的样子！

大家都把羽毛竖了起来。

它们把脑袋点着，尾巴像扇子一样展开，同时叫道：

“丘——弗！丘——弗！”

这是挑战的呼号：谁个不怕折断了羽毛，过来试试！

情场另一头有一只公黑琴鸡应声呼叫：

“丘——弗！我们天不怕地不怕，来试试吧——过来呀！”

“丘——弗！丘——弗！”这时它们已聚集了20只、30只……数也数不清！你随便挑哪一只，都是摆好架势准备格斗的主儿。

雌黑琴鸡静悄悄地停在树枝上，丝毫不露对它们的表演感兴趣的表情。这些狡猾的美丽姑娘正使着坏呢！这场戏正是为它们演的。为了它们，那些黑衣斗士才飞集到这里，它们张着飞翼样的尾巴，竖起热烈、血红色的双眉。

每一只都想在美女面前露一露自己的彪悍和力量。行动笨拙、力气不够的胆小鬼，滚开！只有胆大者、机灵者和最英武者才够格和它们配对。

就在这时，好戏开场了……

整个情场响起了喃喃自语、丘弗丘弗的叫声，大家都曲颈向地，彼此跳跃着接近对方，汇聚在一起……

有两只聚在了一起，嘴对着嘴，直向对手的面孔啄去：

“丘什！”这是怒不可遏的低声吆喝。

天色明朗起来，舞台上升起了白夜透明的轻纱帷幕。

在小云杉树丛之间（情场上的这些小树丛是从哪儿冒出来的?），闪耀着金属的光芒。

公黑琴鸡顾不上那些小树丛。

每一只都在一心对付自己的敌手。

情场主角离小树丛最近。它已经在和第三个情敌较量了。前两只已经落荒而逃。说它是情场主角并非平白无故：整座林子里没有比它更强的了。

第三个情敌既勇敢又迅猛。它跳到跟前，向对手猛击一下。

“丘什！”对手用嘶哑的声音恶狠狠地叫道。

停在树上的美女们伸长了脖子。这才像演戏的样子！这才是名副其实的战斗！这一只并不退缩，无论如何也不会退缩。双方又跳近了，硕大的翅膀啪啪地彼此碰响了，在空中交织在一起。

猛击一下，又一下——你看不清是谁打了谁，——两者都落地了，朝不同的方向跳开。年轻的那只翅膀上有两根羽毛折断了，残

留的那段蓝色羽毛向上翘着，老的那只从橙黄色的眉毛上滴下了鲜血，一只眼睛瞎了。

美女们在树上惶恐不安地来回走动。谁战胜了谁？难道是年轻的战胜了年老的？看它有多帅气：丰满的羽毛泛着蓝光，尾巴上有一道道宽阔的花纹，一只翅膀上还缠着耀眼的一段绷带！

又开打了：彼此跳近，紧紧咬在一起。年老的那只占上风！

厮杀在一起，——又彼此跳开。

又扭打成一团，年轻的那只占上风！

现在还剩一个回合，最后一个回合。看！……

它们又走拢了，——后退了。

跳近了，咬成一团。

砰！——枪声如雷鸣般响彻森林。从小树丛里蹿起一溜烟雾。

情场格斗一时中断了。树上的雌鸟伸长了脖子惊呆了。雄鸟惊讶地挺起了鲜红的眉毛。

发生什么事了？

什么事也没有，一切都安然无恙。

什么人也没有。

静悄悄的。小树丛上方的烟雾消散了。公黑琴鸡中有一只回过头去，——就在面前站着对手。它跳近一步，用喙向对方脑门啄去！

戏还在继续上演，一对对的公黑琴鸡还在格斗。

然而树上的美女却看见：老的那只和它年轻的对手双双倒在地上死了。

难道它们彼此打死了对方？

演出还在继续。应当看看舞台上的情景。现在最有趣的是哪一对呢？黑衣斗士中谁是今天的胜出者呢？

……

当太阳在森林上空升起，剧场内空空如也时，猎人走出了用小云杉装饰的窝棚，首先捡起了老黑琴鸡和它年轻的对手。两只都浑身是血：霰弹从头到脚布满了它们的身体。

猎人把它们塞进胸前的袋子里，又捡起被他打死的三只公黑琴鸡，把猎枪扛在肩上，回家去了。

当他在林子里走的时候，一直在谛听和四下环顾：可别遇见什么人……他今天做了两件见不得人的事：他在法律禁止的时间枪杀了发情群集的公黑琴鸡，而且打死了年老的那只。

明天在林间空地不会再演这场戏：没有情场主角就不会有谁来开演。

情场被毁了。

# 天南海北

## 无线电通报

**请注意！请注意！**

列宁格勒广播电台，这里是《森林报》广播。

今天，3 月 21 日，是春分，我们开辟来自苏联各地的无线电通报栏目。

我们向北方和南方、东方和西方的人们发出号召。

我们向冻土带和原始林区，向草原和山区，向海洋和沙漠的人们发出号召。

请告诉我们：今天你们那里发生了什么？

— — — — — — — — —

请收听！请收听！

## 北极广播电台

我们这儿正在庆祝盛大的节日：经过了漫长漫长漫长的黑夜后今天第一次见到了阳光！

今天是太阳在北冰洋上露出它边缘的第一天——只露了个头顶。几分钟后它又藏了起来。

两天以后太阳已经会沿北极爬行了。

再过两天它就会升起来，最终会整个儿脱离洋面升起。

现在我们有了自己短促的白昼，从早到晚一共不过一个小时：毕竟阳光在不断增加，明天白昼会长些，后天会更长些。

我们这儿海水和陆地都覆盖着深深的积雪和厚厚的冰层。白熊在自己的冰窟窿——熊洞里沉睡。任何地方都看不到一丝绿芽，也没有鸟类。只有严寒和暴风雪。

## 中亚广播电台

我们已经完成马铃薯的种植，开始播种棉花。太阳烤得满街尘土飞扬。桃树、梨树和苹果树正在开花。扁桃、杏、银莲花和风信子的花已经谢了。种植防护林带的工作已经开始。

在我们这儿越冬的乌鸦、寒鸦、白嘴鸦和云雀正起程飞向北方。夏季的鸟类已经飞来：燕子、白腹雨燕。大野鸭已经在树洞和土穴里孵出小鸭子，小鸭跳出了巢穴，正在泅水。

## 远东广播电台

我们这儿狗狗已从冬眠中苏醒。

不，不，你们别听错：我们说的正是狗狗，而不是熊、旱獭、獾。

你们可曾认为任何地方的狗狗都不冬眠？可我们这儿它们却要

冬眠，冬天睡大觉。

我们这儿就生长着一种特殊的狗——野生狗。它的个头比狐狸小，腿短短的。它的皮毛是棕色的，又密又长，连耳朵也看不见。它爬进洞穴过冬，像獾一样睡大觉。现在它已苏醒过来，开始捉老鼠和鱼类。

它的名字叫浣熊狗，样子像美洲的一种小熊——浣熊。

在南部沿海我们开始捕捞一种扁平的鱼——比目鱼。在乌苏里地区的密林中老虎已经产下幼崽。小虎崽已经开眼。

我们一天天地在等待从大洋进入内河的“过境”鱼，它们是到这儿产卵的。

## 西乌克兰广播电台

我们正在播种小麦。

白鹳从南非回到我们这儿。我们喜欢它们在我们的农舍顶上居住，所以为它们把旧的车轮搬上了屋顶。

现在鹳把树条和枝叶拖来放到车轮上做窝。

我们的养蜂人却坐立不安了：金光灿灿的蜂虎鸟来了。这些精致细巧、服饰华美的小鸟喜欢把蜜蜂当成美餐。

请收听！请收听！

## 冻土带亚马尔半岛广播电台

我们这里依然是严冬，嗅不到春的气息。

一群北方的鹿正在寻觅苔藓充饥，用蹄子扒开积雪，踩开冰层。

到时候还会有乌鸦飞来我们这儿！我们庆祝 4 月 7 日的沃恩加—亚列（乌鸦节）。从乌鸦飞来这天起，我们这儿就算春天开始了，就如在你们列宁格勒从白嘴鸦飞来之日算起那样。而我们这里压根儿就没有白嘴鸦。

## 新西伯利亚原始森林广播电台

我们这儿大概和你们列宁格勒近郊一样：因为你们也地处原始森林带——针叶林和混合林带，广阔的原始森林地带覆盖着我们

全国。

我们这儿夏天才有白嘴鸦，但春天是从寒鸦飞来算起的：寒鸦离开我们这儿去越冬，到春天是最先飞回我们这儿的鸟类。

我们这儿春天是和谐的季节，过得也快。

## 外贝加尔草原广播电台

一群大脖子的羚羊——黄羊——已起程向南行动：它们正离开我们向蒙古迁徙。

最初的解冻天气对它们来说真是大难临头。白天有所融化的积雪到了凛冽的夜晚，又成了冰。整个平坦的草原到处都成了溜冰场。黄羊光滑的骨质蹄子在冰上打滑，如同走在镜子上一样，四腿向各方滑去。

而疾走如风的四趾才是羚羊救命的唯一保障。

如今，在春季结薄冰的天气里会有多少黄羊命丧狼和其他猛兽之口！

## 高加索山区广播电台

我们从春季到冬季是自下而上过渡的。

高山之巅大雪纷飞，而山下的谷地却淫雨霏霏，溪水奔流，最初的春季汛期开始了。河水喘息着从两岸涌出，滚滚浊流势不可当地奔向大海，在自己前进的道路上把一切扫荡干净。

山下的谷地里鲜花盛开，树木长出了叶子。绿色植被一天天地沿着温暖向阳的山坡向高处攀登。

跟随着绿色植被的足迹，飞鸟纷至沓来，啮齿动物和食草动物也跟着向高处攀登。狼、狐狸、野欧林猫，甚至威胁人类的豹子，都在追逐着狍子、兔子、鹿、山绵羊和山羊。

冬天正向山顶退却。春天紧随其后，步步逼近，和春一起上山的则是所有的生灵。

## 请收听！请收听！

# 海洋广播电台

### *北冰洋广播电台*

沿洋面向我们漂来浮冰，是整块整块的冰原。冰上躺着海豹——浅灰色的海洋兽类，身体两侧颜色较深，这是格陵兰母海豹。它们在这儿的冰上直接产下自己的白色幼崽。小海豹毛茸茸的，白得跟雪一样，鼻子是黑的，眼睛也是黑的。

海豹崽还不能长久进入水中，它们要在冰上躺很久，因为它们不会游泳。

黑头黑脸、身体两侧也呈黑色的海豹爬上了浮冰，它们是老的格陵兰公海豹。它们身上正在褪换又短又硬的浅黄色皮毛。它们也到了卧冰漂流的时候，直到换毛结束。

这时整个北冰洋上空有侦察员驾机飞行：他们是来察看眼下冰原上哪儿是母海豹和幼崽的栖息地，哪儿是公海豹换毛的栖息地。

侦察归来后他们就向轮船上的船长报告海豹密集的地方——密集到看不见它们身下的冰层。

两艋配有猎手的专用捕猎船就在冰原之间迤逦曲折地驶向那里，从事捕猎海豹的营生。

## 黑海广播电台

我们这儿没有自己的海豹，非常难得有人能侥幸撞见这种野兽。从水里露一下三米长的脊背又消失了。这是在经过博斯普罗斯海峡和地中海时偶尔游向我们的黑海豹。

不过我们这儿有数量很多的另一种动物：欢乐的海豚。现在在巴统市近郊正好是捕猎海豚的旺季。

猎人们乘坐机帆船出海。他们观察海鸥从四面八方云集而至的地方，那里就是海豚群集之处。那地方有小鱼的鱼群出没，所以海豚就来了。

海豚喜欢嬉戏：在水面上打滚翻身，就如马儿在草地上那样，有时一条接一条鱼贯着跃出水面，在空中翻跟头。不过这时你是不可能靠近它们去开枪的：它们会溜之大吉。只有当它们在那里觅食、填饱肚皮的时候，才允许船只靠近到离自己大约十至十五米的地方，这样就能顺当地向它们开枪射击，并在船舷上把它接住，使打死的海豚不至于沉入水中。

## *里海广播电台*

我们这儿北边还是冰雪世界，所以那里有很多海豹的栖息地。

只是我们这儿小海豹已经长大，而且换了毛，换上了深灰色的皮袄，以后要变成蓝灰色的皮袄。母海豹已经越来越少地从往常出没的圆圆的冰窟窿里爬出来：这是它们最后几次给自己的孩子喂奶了。

母海豹也已开始换毛。它们已到游向别的冰块的时候，那里有整群整群的公海豹，它们在一起换毛。它们身下的冰块已在融化，开裂。所以海兽们只好到岸边，在浅沙滩和浅水滩等着把毛换好。

游经我们这儿的鱼类有里海鲱鱼、鲟鱼、欧鳇和许多别的鱼——它们已经从整个里海汇成密集的一个个群体，游向伏尔加河和乌拉尔河河口，这时这两条河流正从上游的冰封中解放出来。

于是争先恐后的竞渡开始了：鱼儿一群接一群地逆流而上，彼此推搡挤压，奔涌着在那里产卵——它们自己也曾在遥远的北方，在这两条河里，以及它们的大支流和小河汊里破卵而生。

在全伏尔加河、卡马河、奥卡河，全乌拉尔河及其支流，渔民们准备了渔具来对付以巨大力量急切还乡的鱼群。

## *波罗的海广播电台*

我们这儿渔民们已做好准备，去捕捞黍鲱鱼、鲱鱼、鳕鱼，在芬兰湾和里加湾，等冰块消退，就捕欧白鲑鱼、胡瓜鱼和鲑鳟鱼。

我们的港口一个接一个地解冻了，船只从那里驶上遥远的航程。

货船开始从世界各地向我们这儿驶来。冬季正在结束，波罗的海上欢乐的时节正在来临。

**请收听！请收听！**

## 中亚沙漠广播电台

我们这儿春天也是快乐的。正下着雨。高温天气还没有到来。到处，甚至在沙漠里，都开始暴出不知哪儿来的小草。

灌木长出了叶子。沉睡了一冬的动物从地下走了出来。屎壳郎和象甲虫开始飞舞；明晃晃的吉丁虫布满了灌木丛。蜥蜴、蛇、乌龟、黄鼠、沙鼠和跳鼠正在爬出深深的洞穴。

成群巨大的黑色秃鹫从山上飞下来捕猎乌龟。

秃鹫善于用自己长长的钩形喙从乌龟的骨甲内啄食龟肉。

春季的来客都飞来聚会了：小巧的沙漠莺，善舞的石雕，无所不能的云雀（有大型的鞑靼云雀和小巧的亚洲云雀，也有黑云雀、白翅云雀和风头云雀）。

因为有了明媚和蔼的春天，就连沙漠你也不能称为死亡之地：它拥有多少形形色色的生灵呵！

— — — — — — — —

我们的广播——来自苏联各地的广播节目到此结束。我们的下次广播在6月22日。

# 森 林 报

# No. 2

## 候鸟回乡月

（春二月）

4月21日至5月20日　　太阳进入金牛星座

## 第二期目录

# 候鸟迁徙还乡的万里征途

候鸟从越冬地成群结队地飞来了。它们还乡迁徙是按严格的秩序进行的，一队队行动，每一队有自己的次序。

今年候鸟飞回我们这儿；走的是原先的空中路线，还是按原先的秩序，它们的祖先几千年、几万年、几十万年以来一直是按这样的秩序迁徙的。

最先起程的，是秋季最后离开我们的那些候鸟。最后起程的，是秋季最先离开我们的那些鸟。比别的鸟晚到的，是最鲜亮绚丽的候鸟：它们需要等到青草绿叶长出来的时候。在光秃秃的大地和树木上，它们过于显眼，在我们这儿，现在还无法躲避敌害——猛兽和猛禽。

正好有一条鸟类在海上迁徙的万里征途在我们的城市和我们的列宁格勒州上空通过。这条空中路线称为“波罗的海航线”。

万里征途的一端紧靠北冰洋，另一端隐没在鲜花盛开、阳光明媚、气候炎热的国度。一群群海鸟和近岸的鸟类排成无穷无尽的长长鸟阵，飞越长空，每一个鸟阵都有自己的次序、自己的队形。它们沿非洲海岸飞行，经过地中海，再沿比利牛斯半岛、比斯开湾海岸，经过一个个海峡、北海和波罗的海。

它们在途中遇到许多障碍和灾难。浓雾常常像墙壁一样挡在展翅高飞的漂泊者面前。在湿气重重的黑暗中鸟类会迷路，在看不见的尖锐山崖上猛的一下被撞得粉身碎骨。

海上的风暴会折断它们的羽毛，击伤翅膀，吹得它们远离海岸。

骤然而至的寒流会使海水结冰，于是候鸟因饥饿和寒冷而死亡。

它们中数以千计的同类死于贪婪的猛禽之口：鹰、隼和鹞鹰。

大量的猛禽在这时登上这条万里海途，以便靠这丰盛而轻易可得的猎物大饱口福。

数以千百计的候鸟在猎人的枪口下落地。（在本期《森林报》中，我们将刊载一篇有关在列宁格勒近郊捕猎野鸭的故事。）

然而，没有任何东西能阻挡密密匝匝的一群群飞行漂泊者的行程；它们穿越重重迷雾，飞越个个障碍，飞向故乡，飞向自己的巢穴。

我们这儿并非所有的候鸟都是在非洲越冬并按波罗的海航线飞行的。另有一些候鸟是从印度飞来我们这里的。扁嘴瓣蹼鹬越冬的路更远：在美洲。它们赶往我们这儿要飞越整个亚洲。从它们冬季的住处到它们在阿尔汉格尔斯克郊外的巢穴，得飞行 15000 公里。飞行时间长达两个月。

# 戴脚圈的候鸟

假如你打死了一只脚上戴金属圈的鸟，请把脚圈取下来并寄往鸟类脚圈中央管理处：莫斯科，奥尔里科夫胡同，1/11。同时附一封信，说明你得到这只鸟的地点和时间。

如果你捕获了一只戴脚圈的鸟，请记下打在圈上的字母和编号，把这只鸟放归自由，并按上述地址报告自己的发现。

如果不是你，而是你认识的猎人或捕鸟人打死或捕获了这样的鸟，告诉他应当怎么做。

鸟脚上的轻金属（铝制的）环圈是有人戴上去的。圈上的字母表示给鸟戴圈的国家和科研机构。在科学家的日志上，在与打在圈上相同的数字下记载着他给这只鸟戴圈的地点和时间。

科学家们用这样的手段了解鸟类生活中令人惊异的秘密。

在我们遥远的北方某地，人们给鸟戴上了脚圈，而它却在非洲南方或印度某地，或还有什么地方落入了他人之手。从那里就会寄来从它身上取下的环圈。

顺便说一下，远非所有从我们这儿飞离越冬的候鸟都是飞往南方的：有一些飞向西方，另一些飞向了东方，还有一些是到北方越冬的。这是候鸟的秘密之一，是我们通过脚圈而得知的。

# 林间纪事

## 道路泥泞时期

城外的道路一片泥泞：在林中和村里的路上既行不得雪橇，又走不得马车。我们好不容易才得到来自林区的消息。

## 从雪下露出的浆果

在林区沼泽上，从积雪下面露出了红莓苔子果。乡下的孩子们常去采摘，说经冬的浆果比新长的更甜。

## 冬季鱼儿干什么

冬季鱼儿也睡觉了。

拟鲤鱼、圆腹雅罗鱼、红眼鱼、雅罗鱼、赤梢鱼、圆鳍雅罗鱼、梅花鲈和梭子鱼都大群大群地聚集在最深的地方过冬。野鲤鱼和欧鳊鱼藏身在长满芦苇的水湾。

鮈鱼和欧鲌鱼睡在水底沙滩的坑里。

鲫鱼钻进淤泥里过冬。

在极其寒冷的天气，在冰上没有出气孔的地方，你要把冰砸出个窟窿，因为空气不足鱼儿会闷死。

鱼类越冬苏醒以后就从藏身的坑中出来，进入产卵期：把卵撒到水里。

## 蚁冢开始蠢蠢而动

我们在一棵云杉树下找到了一个蚂蚁窝。起先我们以为这就是一堆垃圾和枯叶，而不是一座蚂蚁的城市，因为一只蚂蚁也没有看到。

而今积雪已经化尽，于是蚂蚁爬出来晒太阳了。经过漫长的冬眠，它们变得十分虚弱，所以紧紧地抱成黑黑的一团躺在蚁冢上。

我们轻轻地用一根手指触它们，它们只会勉强动弹一下。它们甚至无力释放有刺激性的蚁酸来攻击我们。

离它们开始劳作还得过几天。

## 还有谁也苏醒了

苏醒过来的还有蝙蝠，各种甲虫——扁平的步行虫、圆咕隆咚的黑色屎壳郎、叩头虫。

叩头虫表演自己的叩头把戏：你把它背部着地平放，它一叩头就凌空跳了起来，在空中一翻身，落下来就足部着地了。蒲公英开始开花，白桦树也裹了一身绿色轻纱：眼看着就要长出叶子了。

下过第一场雨以后，粉红色的蚯蚓就从土里爬出来，还会冒出新生的蘑菇：羊肚菌和鹿花菌。

## 在水塘里

水塘也出现了生机。青蛙离开了自己在淤泥中的冬眠床铺，正在产卵，并从水中跳到了岸上。

蝾螈正好相反，此刻刚从岸上回到水中。

我们列宁格勒郊外的孩子称蝾螈为“哈里同”。它的颜色黑中带橙黄，有尾巴，样子与青蛙相比更像蜥蜴。越冬时它爬出水塘进入森林，钻到潮湿的苔藓下冬眠。

癞蛤蟆也苏醒了，并开始产卵。只是青蛙的卵像小泡泡，呈凝胶状的团团漂在水中，每一个小泡里有一个圆圆的黑点。而蛤蟆的卵都连在一个小带状物上，带状物粘在水下的草上。

## 款 冬

小丘上早已出现一簇簇款冬的小茎，每一簇就是一个小家庭。比较年长的小茎形态苗条，高高地擎着头状花序，而一些小小的、粗粗的、难看的小茎则紧紧地挨在它们身边。

它们俯首弯腰地站着，样子着实可笑，似乎望着这世界感到含羞，脸红。

每一个小家庭都是从地下的根状茎长出来的，从秋季起根状茎里就储备了养料。现在储备的养料正在消耗，但是保障整个花期的支出应是绰有余裕。不久每一个花序将化为黄色放射状的花朵，确切地说不是花朵，而是花序，由彼此紧紧相依的小花汇集而成的一个整体。

当这些花开始凋谢的时候，从根状茎里长出了叶子，这些叶子开始忙自己的事——重新往根状茎里储藏养料。

*H. 帕甫洛娃*

## 白色的寒鸦

在小雅里奇基村的学校旁边有一只白色的寒鸦，它就在一般的寒鸦群里飞翔。这样的白寒鸦连老人们都未曾见过。我们小学生不知道为什么会有这样一只白色的寒鸦。

*驻林区记者：小学生波里娅·西妮曾娜*

*盖拉·马斯洛夫*

### 编辑部的解释

一般的飞禽和走兽有时会生下全白的小鸟和幼崽。

科学家称它们为患白化病动物。白化病通常有全白（全身都白）和非全白（部分变白）之分。它们的机体里缺乏一种染色物质——色素。这种物质能使皮毛和羽毛具有色彩。

在家养动物中患白化病的很多，有白的兔子，白的母鸡和公鸡，白的大小老鼠。

野生动物患白化病的极少见。

患白化病的野生动物存活要困难一千倍。往往在还幼小的时候，自己父母就把它们杀死了。它们往往终生都受到整个种族的迫害和打杀。但是即使亲属在自己社会里接纳了这畸形儿，就如小雅里奇基村的白寒鸦那样，患白化病的动物仍然很难长久存活：它在所有动物的众目睽睽之下很显眼，首先是对凶猛的禽兽而言。

# 鸟邮快信

*(本报驻林区记者来信)*

## 洪　水

春季给森林里的居民带来许多灾难。雪很快化完了，河水泛滥，淹没了两岸。有许多地方真的令人急得跺脚。四面八方关于洪水淹死动物的消息都传到了我们这儿。受灾最重的是兔子、鼹鼠、田鼠和其他住在地上与地下的小兽。河水涌进了它们的住所，小兽们被迫逃离家园。

每一只小兽都尽其所能地从洪水中逃命。

小小的鼩鼱跳出洞穴，爬上了灌木丛。它蹲在上面等待着洪流涌退。它的样子非常可怜，因为忍饥挨饿。

河水漫上岸时，鼹鼠在自己地下的洞里差点被淹死。它从地下爬了出来，潜出水面，开始泅水去寻找旱地。

鼹鼠是泅水高手。它在爬上岸之前能泅游几十米。它很得意，因为在水面没有任何一只猛禽发现它乌黑发亮的皮毛。

上岸以后它又顺利地钻进了土里。

## 树上的兔子

以下就是发生在兔子身上的事。

兔子住在一条大河中间的小岛上。夜间它啃食年轻的山杨树的皮，白天躲在灌木丛里，以免被狐狸和人类发现。

这还是一只相当年轻、不太机灵的兔子。

它根本没有注意到河水在噼里啪啦地抛卸身上的冰块。

那一天兔子放心地在自己的灌木丛下睡觉。太阳照得它暖洋洋的，这只斜眼佬没有发现河水开始迅猛上涨，直到自己皮毛从下面被打湿时它才醒过来。

它猛然跳起，四周已成泽国。

发大水了。兔子把四脚踩在水里，急忙跑到岛中央：那里还是干的。

然而河里的水涨得很快，小岛变得越来越小，兔子在两头来回辗转。它看到很快整座小岛就要消失在水下，但是不敢跳进寒冷汹涌的波浪里：它恐怕不能游过波浪滚滚的大河。

就这样度过了整整一个白昼和一个夜晚。

第二天早上，水里只露出了一个小小的岛尖，上面长着一棵歪歪扭扭的大树，吓得六神无主的兔子围着树干跑圈儿。

到第三天水已浸到树下。兔子开始往树上跳，但每一次都跌落下来，踩在水里稀里哗啦直响。

终于它成功地跳上了下面的一根粗枝条。兔子趴在上面，开始等洪水退去：河水没有再往上涨。

它倒不怕饿死：虽然老树皮很硬很苦，但仍然能聊以果腹。

更可怕的是刮风。风剧烈地摇撼着这棵树，兔子好不容易在树枝上稳住自己。它犹如船舰上爬上桅杆的水手：它身下的树枝仿佛是摇曳的横桁，而下面是奔腾而去的既深且冷的流水。

在它下方，浩渺的河面上漂浮着树木、原木、树枝、麦秸和动物的尸体。

当另一只兔子轻轻地随着波浪摇晃着，徐徐漂过它的身旁时，可怜的兔子吓得浑身发抖。

那只兔子的爪子搅进了枯枝里面，现在肚皮向上，伸开了四个爪子和枯枝一起在水上漂流。

兔子在树上待了三天。

终于河水退了，于是它跳到了地上。

就这样，它现在还得住在河中的岛上，直到炎夏来临。夏季河水变浅，它就能到达岸上了。

## 连鸟类也日子难过

当然，对飞禽来说洪水没那么可怕。可它们也受够了春汛的苦。

毛色黄黄的黄鹀在一条大水沟的岸边做了一个窝，已经把蛋生在了窝里。大水涌来的时候窝被冲走，蛋也被水带走，黄鹀只好寻找新的筑巢地点。

沙锥停在树上等着，可总等不到春汛终结的日子。沙锥是鹬的一种。它生活在林中湿地，靠自己的长喙从柔软的土里觅食。它的脚长得很适合在土上行走。在树枝上有这样一双脚行走同样很方便，就如狗在木桩围墙上行走一样。

可它仍然停在树上，等待着有朝一日可以在软绵绵的湿地上迈步，用喙在土里啄出一个个小洞。它可不愿飞离亲爱的湿地！所有地方都有主了，在别的湿地，当地的沙锥可不许它落脚。

## 最后的冰块

横跨小河的是一条冬季的车道——农庄庄员们乘坐雪橇通行的道路。然而春天来临了。小河上的冰鼓了起来，崩裂了，一块路面摇摇晃晃地随水流向下游漂去。

这是一块肮脏的冰块，满是马粪、雪橇的辙迹和马匹的蹄痕。它的中央有一颗马掌钉。

起初冰块被水流沿河床往下冲。白色的鹡鸰从两岸飞集到冰块上，它们在这里捕食苍蝇。

后来河水漫上了岸，冰块就被冲到了草地上。冰块下面是一同漂流的鱼儿，它们在水淹的草地上游荡。

有一次，冰块旁边潜出一只没有眼睛的深色小兽，爬到了上面。这是一只鼹鼠。当河水淹没了草地，它在地下无法呼吸，所以就向上游出了水面。但这时冰块的一边被一个干燥的小丘带住了；鼹鼠便跳上小丘，利索地钻进了土里。

然而冰块仍然被水流驱赶着一直向前、向前，直到被赶进了森林。它撞到了一个树桩，被卡住了。树桩上面聚集着整整一群饱受洪灾之苦的陆上小兽：林中的老鼠、小兔子。灾难遍及四方，它们都受到致命的威胁。小兽们由于害怕和饥饿瑟瑟发抖，彼此紧紧地依偎在一起。

不过大水开始迅速消退，阳光融化了冰块，树桩上只剩下那颗马掌钉：小兽们跳到了地上，各奔四方去了。

# 农事纪程

积雪刚化完，集体农庄庄员们开着拖拉机到了地里。拖拉机耕地，拖拉机耙地，假如给拖拉机装上钢铁的爪子，它还能把树墩连根拔出来，给田野清理出新的土地。

拖拉机后面，蓝黑色的白嘴鸦、灰色的乌鸦务实地从一只脚到另一只脚交替地跨步走着，两肋呈白色的喜鹊跳跃着：犁和耙从地里翻出了蚯蚓、甲虫和它们的幼虫，这可是鸟类喜爱的小吃。

土地耕过、耙过以后，拖拉机就带着播种机在地里走了。从播种机里均匀地播撒出精选过的种子。

我们这里最先播种的是亚麻，然后是柔嫩的小麦，接着是燕麦和大麦——春播粮食作物。

秋播粮食作物——黑麦和冬小麦现在已长到离地面足足有四分之一俄丈①高了：它们在秋季播的种，长出了苗，在雪下越冬后，现在正迅速地长个儿。

① 1俄丈等于2.134米。

在清晨和傍晚，在欢乐的绿荫丛中，既不像是大车的吱吱作响，又不像是硕大的蝈蝈在嚶嚶鸣叫：

“契尔—维克！契尔—维克！”

不过这不是大车，也不是蝈蝈，这是田野里美丽的公鸡——灰色的山鹑在叫。

它一身灰色，夹着白色花纹，颈部和两颊是橙黄色的，眉毛是红的，脚是黄的。

在绿荫深处的一个地方，它的妻子——雌山鹑已经在为自己筑巢了。

牧场上新鲜的嫩草已开始变绿。这时天刚放亮，农舍里集体农庄的孩子们已经被响亮的马嘶、牛哞、羊咩吵醒了：牧人开始把牛群和羊群赶往牧场。

有时，可以看到马背和牛背上奇怪的骑士：寒鸦和椋鸟。奶牛在走着，而小小的飞行骑士却在用喙啄它的背，一啄，再啄！奶牛可以用尾巴像赶苍蝇一样把它从背上扫下去，但是它没有赶，而是容忍着。为什么？

道理很简单：小小的骑士身体不重，却给它带来好处。椋鸟和寒鸦从牛马的毛皮里啄出牛虻的幼虫和苍蝇产在擦破和受伤处的蝇卵。

毛茸茸的胖熊蜂早已苏醒，在嗡嗡叫着，亮晶晶的瘦黄蜂在飞舞。该是蜜蜂登场的时候了。

农庄庄员们把冬季放在越冬蜂房和地窖里的蜂箱取出来，放到养蜂场。长着金色翅膀的小蜜蜂从蜂箱的出入口爬出来，在阳光下停上一会儿，等晒暖了身子，舒展一下肢体，就飞去采集花中甜蜜的液汁，采集第一批蜂蜜了。

## 农庄里的植树造林

我们州的集体农庄春季要种植几千公顷的森林。在许多地方每年要储备面积达 10 至 15 公顷的苗木圃。

*塔斯社列宁格勒讯*

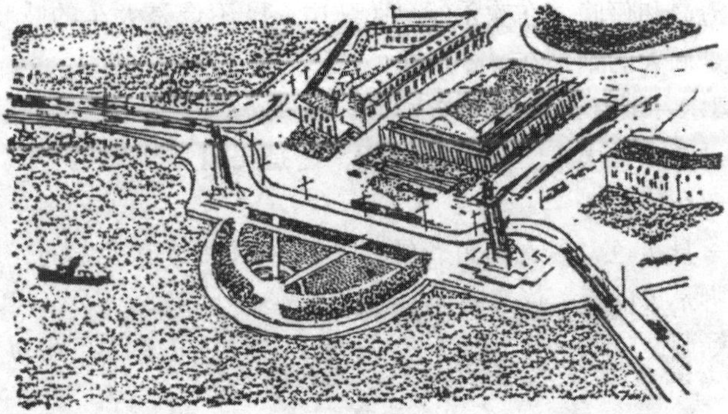

# 都市新闻

## 森林周

雪早已融尽，大地也解了冻，城里和州里开始了森林周。春季种植树木和灌木的日子变成了植树节。

在学校实验园地，在花园和公园，在屋边和路上，孩子们到处在翻土，为植树准备地方。

涅瓦区少年自然界研究者活动站准备了几万枝果树的嫁接枝。

苗木圃分出两万棵云杉、白杨、枫树的树苗给斯大林区的学校。

*塔斯社列宁格勒讯*

## 森林储蓄箱

广袤的田野一览无余。为了防止风灾的侵害需要造起多少防风林！我们学校的孩子们知道国家大事——种植防风林带，所以六年级甲班的教室里出现了一只大箱子——森林储蓄箱。箱子里有枫树子，有白桦树的柔荑花序，还有结实的栗壳色橡子……孩子们把种子装在桶里带来。比如维佳·托尔加乔夫光榛树子就收集了 10 公斤。到秋天，森林储蓄箱就要满得不能再满了。我们将上缴收集的所有种子为新苗木圃的开辟打基础。

*丽娜·波丽亚诺娃*

## 在花园和公园里

透明的绿色轻烟犹如呼出的轻盈热气包裹着树木。当树叶刚开始展开，它就消散了。

出现了大而美丽的长吻蛱蝶。它全身都呈柔滑的咖啡色，带有蓝色的花斑，翅膀末端的颜色变浅，变白。

又飞来一只有趣的蝴蝶。它像荨麻蛱蝶，但比它小，色彩没那么鲜艳，咖啡色没那么深。翅膀破碎得很厉害，仿佛边缘被撕破了似的。

你把它抓来仔细观察一番。它翅膀的下缘有个白色的字母“C”。可以认为有人故意用白色小字母给这些蝴蝶做了标记。

这些蝴蝶的学名便是“白色 C①”。

不久还有粉蝶出现：甘蓝菜粉蝶，白菜粉蝶。

---

① 这是拉丁文字母，不是英文字母，虽然形状相同，如用汉字注音，近似“采”的青。

## 街头的生命

每到夜晚在城郊蝙蝠就开始飞了。它们不顾行人的来来往往，只在空中追捕蚊子和苍蝇。

燕子飞来了。它们在我们这里有三种：家燕，有一个开叉的长尾巴，喉部有一个棕红斑记；白腰毛脚燕，尾巴短短的，喉部呈白色；灰沙燕，灰里带红，胸部呈白色。

家燕在城郊的木头建筑上做窝，白腰毛脚燕把窝直接粘在砖石房屋上，灰沙燕则在悬崖上的洞穴里生儿育女。

雨燕不会很快跟随这三种燕子出现。它们和这些燕子很容易区别：它们在屋顶上方带着刺耳尖叫穿空而过。它们看起来全身一片黑。它们的翅膀不像这三种燕子呈尖角形，而呈半圆的镰刀形。

叮人的蚊子也出现了。

## 城里的海鸥

一旦涅瓦河解冻，它上空就出现了海鸥。它们根本不害怕轮船和喧嚣的城市，人们眼睁睁地看着它们心安理得地从水里拖出鱼来。

海鸥飞累了的时候，就直接停在房子的铁皮屋顶上休息。

# 狩猎纪事

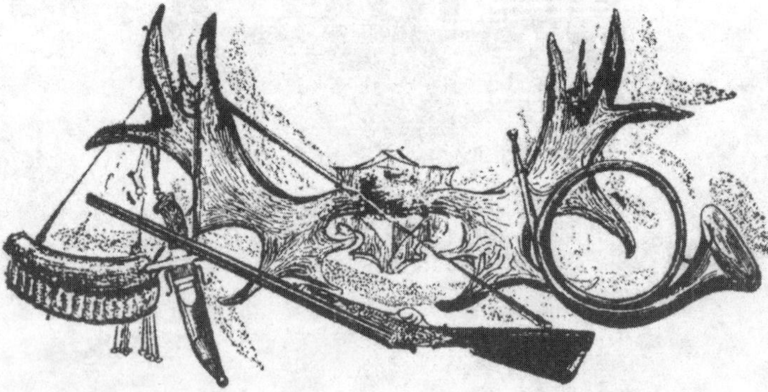

## 在马尔基佐瓦湿地猎野鸭

### *在马尔基佐瓦湿地*

春季许多不同品种的野鸭出现在集市上。这时还有更多的野鸭出现在马尔基佐瓦湿地。

马尔基佐瓦湿地自古以来是对芬兰湾位于涅瓦河河口与科特林岛之间的那部分水域的称呼，喀琅施塔得①要塞就在那个岛上。这里是列宁格勒的猎人们打猎的好去处。

你走到斯摩棱卡河边。在河岸上，斯摩棱斯克公墓旁边，你会

① 喀琅施塔得，现彼得堡州港口城市，位于芬兰湾的科特林岛，东距彼得堡29公里，1703年彼得一世在此建海防要塞，18世纪20年代起为波罗的海舰队基地。现已开放旅游。

发现一些形状奇特或者与河水同色的小船。船底完全是平的，船头和船尾向上翘着，整个船身不大，却特别宽。

这是猎人的小舟。

也许在傍晚你能侥幸见到猎人。他把自己的小船推进河里，把猎枪和其他用品放进里面，就顺流漂浮，只靠尾舵划水。

二十分钟以后猎人已在马尔基佐瓦湿地了。

涅瓦河早就解冻了，可是海湾内还有大冰块。小船急速地沿着灰暗的波浪向冰块靠近。

现在小船终于到了冰块旁边。猎人把船靠了上去，就上了冰块。他把白色长袍套在毛皮外套的外面，然后从船里拖出一只引诱野鸭的母鸭，把它用绳子拴着放进水里，绳子一头固定在冰上。鸭子马上嘎嘎嘎地叫了起来。

猎人坐进小船，驶离了冰块。

## *出卖同类的鸭子和穿白长袍的隐身人*

不用等多久。

这时远处有一只鸭子钻出了水面。这是只公野鸭。它听到了母鸭的召唤，就向它飞去。

没等它飞到母鸭身边停下来，枪声响了，又响了一声，公鸭跌落水中。

引诱公鸭的母鸭清楚地知道自己的职责：它叫了又叫，就跟有人雇它似的。

公野鸭听到它的呼唤，从四面八方纷纷飞来。

它们只看到母鸭，却没有发现白色小舟和白色冰块旁边穿着白长袍的猎人。

猎人开了一枪又一枪，不同品种的公鸭跌进了他的小舟。

一群接一群的野鸭在万里海途上纷纷落地。太阳已沉入海中，城市的轮廓已然消失，在那个方向亮起了万家灯火。

再也开不了枪了：一片黑暗。

猎人把当诱饵的母鸭放进小舟，将船锚铁爪紧紧扎在冰块上，使小舟更紧密地贴住冰块的边缘（以免波浪撞破了船身）。

该做过夜的打算了。

起风了，乌云笼罩了天空，一片漆黑——伸手不见五指。

*猎天鹅*

又开始了嘎嘎的叫声，引诱公野鸭的母鸭正在水面上卖力地叫喊着。但是现在它身边波浪间摇晃的是一只白天鹅。它不会叫，因为它是个标本。

野鸭大量飞来，猎人举枪射击。

突然，一种犹如远方号角的声音从上空的某个方向传到了他的耳际。

“克噜—噜，克噜—噜，噜，噜……”

野鸭呼呼地扇动着翅膀，纷纷降落到母鸭的身边，那是整整的一群野鸭。但是猎人连看也不看一眼。

他利索地给猎枪换了弹药。他把双手按一种特殊的方式拢在一起，凑到嘴边，向手里吹气，发出了引诱的声音：

“克噜—噜，克噜—噜，噜，噜，噜！……”

在高高的天空，紧靠着云层的下方，有三个深色的点点正在变大，越变越大。号角般的鸣声听起来也越清晰、嘹亮、震耳。

猎人已不再和它们呼应，因为在近处装不出与天鹅叫声相似的声音。

现在可以看见：三只白天鹅难得扇动几下翅膀，正徐徐地向浮冰降落。在阳光下它们的翅膀闪耀着银色光辉。

它们越飞越低，飞着一个个大圆圈。它们从高空发现了浮冰旁的天鹅，以为是它在向它们发出呼唤。它们正向它飞来：它也许是没有了力气或者受了伤，所以掉了队。

它们飞了一圈又一圈……

猎人屏息凝神地坐着，只转动着眼睛。他在注视巨大的白鸟伸直了长长的脖子，时而向他靠近，时而离他远去。

又飞了一圈，现在天鹅已在很低的空中盘旋，距白色小舟已很近。

砰！前面那只天鹅长长的脖子像鞭子一样垂了下来。

砰！第二只天鹅在空中翻了个身，沉甸甸地落到了浮冰上。

第三只天鹅向上飞去，迅速在远处消失了。

猎人交上了难得的好运。

现在得赶快回家。

然而要回城还没那么简单。

马尔基佐瓦湿地正在聚集着浓雾，十步之内什么也看不见。

从城里隐隐传来工厂的汽笛声。那声音时而在这边，时而在那边，你无法弄清楚该往哪儿走。

细小的冰块撞击着小船的两舷，发出清脆的玻璃声。

船头下面传来沙沙声，那是冰凌（薄薄的碎冰）擦过的声音。

一路上要是撞上巨大的浮冰怎么办呢？

到时小船会翻个底朝天，一个筋斗沉入水底！

### 第二天

在安德烈耶夫集市上，一群人在好奇地观看两只雪白的大鸟。这两只鸟挂在猎人的肩头，嘴巴几乎触到了地面。

孩子们围住猎人，问个没完没了：

“叔叔，您是在哪儿打到这两只鸟的？难道咱们这儿常有这样的鸟？”

“它们正往北方飞呢，要在那儿做窝。”

“嗬，那窝大概很大吧？”

不过主妇们感兴趣的是另外的事。

“您说这鸟能吃吗？它没鱼腥味吗？”

猎人在回答他们的问题，可是在他的耳际还在回响着活的天鹅的号角声、野鸭翅膀疾飞的呼啸声和冰凌对小舟清脆的冲击声……

— — — — — — — — —

上面讲的都是关于旧时的故事。

天鹅依旧在春季飞越列宁格勒上空，依旧从天际传来嘹亮的号角声。然而天鹅比以往少了，大大地减少了。猎人们的日子很不好过：每个人都想打到如此巨大华美的鸟儿。花了很大力气也只能打到很少的几只。

现在我们这儿严格禁止猎杀天鹅。谁打死了天鹅，谁就要被处以数目不小的罚款。

不过在马尔基佐瓦湿地野鸭仍在打，因为数量很多。

# 森 林 报

**No. 3** 歌舞月

（春三月）

5月21日至6月20日 太阳进入双子星座

第三期目录

# 欢乐的五月

## 森林乐队

在这个月，夜莺唱得正欢，不分昼夜婉转啼鸣。

孩子们奇怪了：它什么时候睡觉哇？春天鸟类没有时间多睡，鸟类的睡眠都很短暂：只来得及在两场歌会的间隙睡一会儿，半夜一小时，中午一小时。

在朝霞升起和晚霞映天的时候，不仅鸟类，而是所有林中居民都在各尽所能地歌唱、表演。这时你能听到的既有嘹亮的歌喉，又有悠扬的提琴，既有阵阵鼓点，又有清脆笛音，既有狗吠，又有咳声，既有狂嗥，又有尖叫，既有哀叹，又有嗡鸣，既有咕咕鸽叫，又有呱呱蛙鸣。

苍头燕雀、夜莺、能歌善唱的鸫鸟都放开了响亮清脆的歌喉。甲虫和螽斯唧唧啾啾叫个不停。啄木鸟敲响了自己的鼓点。黄莺和小巧的白眉鸫鸟吹起了悠扬的长笛。

狐狸和柳雷鸟哇哇大叫。狍子叫起来像咳嗽。狼在嗥。雕鸮的叫声像哀叹。熊蜂和蜜蜂嗡嗡忙个不停。青蛙咕咕咯咯放开嗓子直喊。

同样，没有歌喉的谁也不会难堪，每一位都按自己的口味选择相应的乐器。

啄木鸟找到了发声响亮的干树枝，这就是它的鼓。代替鼓槌的是坚硬而好使的长嘴。

天牛靠它坚硬的脖子吱吱作响，哪一点比不上小提琴的悦耳？

螽斯用自己的爪子弹拨翅膀——爪子上有小钩，而翅膀上有倒钩。

棕红的大麻鸻把长嘴戳进水里，就开始吹气！水就扑通扑通响起来，声音在整个湖面回荡，犹如公牛在哞叫。

还有田鹬，它连尾巴都会唱歌：它张开尾巴，头朝上向高处飞去，又一头向下俯冲。风儿在它的尾部嗡嗡作响，声音和小羊的咩叫丝毫不爽。

这就是森林乐队的光景。

## 过客

在大树和灌木丛下，距地面不高的地方，顶冰花的黄色小星星早就已经熠熠生辉了。

当树叶落尽，春季灿烂的阳光能毫无阻挡地直达地面时，它们就冒出来了。顶冰花就是迎着这样的阳光开放的，而旁边同时盛开的还有紫堇花。

看到紫堇最先开放的花朵是多么令人欢欣的事！它浑身都是美

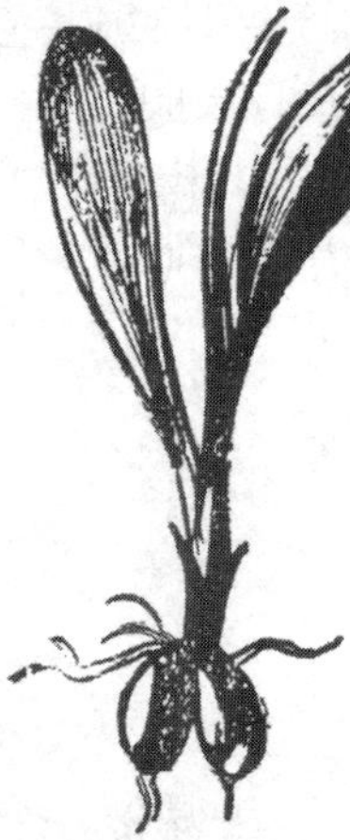

的：造形别致的紫色花朵连着长距①，在茎的末端汇成一束，还有呈破碎状的灰蓝色叶子。

现在顶冰花和它的女友紫堇花的花季已经过去。树木的阴影已过于浓密，如果它们再不准备回家，生活就要受干扰了。它们的家在地下世界。它们在地面上只是过客，播下种子后就消失得无影无踪了。在地下深处，它们的蒜头状鳞茎和圆形块茎将安睡整整一夏、一秋和一冬。

如果你想把它们移栽到自家地里，那就趁现在它们迟开的花还没谢，把它们挖出来。挖的时候要小心谨慎。你看到这些小植物淡白的地下茎竟有那么长，一定会惊讶不止！

在土地严重冰冻的地方，我们这些来客的鳞茎和块茎钻得很深，在比较温暖、有防护的地方则离地面比较近。

*H. 帕甫洛娃*

## 田野的声音

我和一个同学到地里去锄草。我们轻轻地走着，听到草丛里迎面传来此起彼伏的歌声：“卜齐卜落齐!② 卜齐卜落齐！卜齐卜落齐!”

我也这么回答它：“我们就是去卜落齐。”可它还是管自己唱着：“卜齐卜落齐！卜齐卜落齐!”

我们从洼地旁走过。青蛙在那里从水下露出鼻子，一面一鼓一鼓地吹着耳朵后面的小泡，一面叫着。一只叫道：“杜拉！杜拉—

---

① 距，专用术语，指花萼下部的细长空管。

② 这是拟声法，仿佛俄语中“去锄草”三个字的发音。

拉!”另一只回应着它:“萨马卡卡瓦! 萨马卡卡瓦!”①

我们走近地里时,翅膀圆圆的麦鸡前来欢迎我们。它们在我们头顶上方扑棱着翅膀问道:“齐依维?齐依维?”② 过后又问道:“齐依维?齐依维?”我们回答说:“克拉斯诺雅尔卡的。”

*驻森林记者:库罗奇金*

*克拉斯诺雅尔卡村*

## 在护罩下

花中最娇嫩的要数花粉了,一打湿就损坏了。雨水可以损害它,露珠也会损害它。那么它平时是怎么保护自己免遭伤害的呢?

铃兰、黑果越橘和越橘的花犹如一只只悬挂的小铃铛,所以它们的花粉永远在护罩之下。

睡莲的花是朝天开的,但是每一片花瓣都弯成羹匙的样子,而且所有花瓣的边缘彼此覆盖,于是形成了一个四面八方都封闭的胖胖的小球。雨滴打到花瓣上,内部的花粉却一滴雨水也溅不到。

凤仙花(现在它还只是花骨朵)的每一朵花都藏在叶子下面。你看它有多狡猾:它的花茎越过了叶柄,使花朵在罩子下牢牢地占据自己的位置。

野蔷薇有许多雄蕊,在下雨时就把花瓣闭起来。在坏天气里闭上花瓣的还有白睡莲的花。

而毛茛在雨天就把花耷拉下来。

*H. 帕甫洛娃*

① 这也是拟声法,前面的“杜拉”即俄语中的“傻瓜”,后面的“萨马卡卡瓦”相当于俄语中“你自己又怎么样”的发音。

② 这也是拟声法,相当于俄语中的“你们是哪儿的”。

## 游戏和舞蹈

鹤在沼泽地举办舞会。

它们汇成一圈，于是有一只或两只鹤出队来到中央开始跳舞。

起先倒不怎么样，只是轻轻跳动着两条长腿。接着动作加大了：开始大步跳舞，而且跳出的舞步简直令人捧腹大笑！又是打转又是跳跃又是蹲跳——活脱脱像踩着高跷在跳特列帕克舞①！而围成一圈站着的那些鹤则从容不迫地扇动翅膀打着拍子。

猛禽的游戏和舞会在空中举行。

尤其别致的是鹰隼。它们向上高飞直冲云霄，在那里炫耀奇迹般的机巧本领。有时一下子耷拉下翅膀，从令人目眩的高度像石块一样向下飞坠，直到贴近地面时才张开两翼，飞出一个大圈，重新飞向云天。有时在离地面很高很高的地方停住不动——张开双翅悬着，仿佛有根线把它挂在云端。有时猛然在空中翻起了跟头，犹如名副其实的天堂丑角，向地面倒栽下来，做出一个个倒飞跟头的动作，猎猎地鼓翅翱翔。

① 特列帕克舞，俄罗斯民间的一种顿足跳的舞蹈。

# 林间纪事

## 最后飞临的一批鸟

春天已近尾声，在南方过冬的最后一批鸟飞临了我们的列宁格勒州。

不出我们所料，这是一些装束最为绚丽多彩的鸟儿。

如今草地上盖满了鲜花，灌木和大树也覆盖着新生枝叶的浓荫，它们很容易躲避凶猛的飞禽。

在彼得宫①的一条小溪上，出现了一只身披蓝中带翠绿又间咖啡色外衣的翠鸟，它来自埃及。

长着黑翅膀的金色黄莺，在树林里发出的叫声像悠扬的长笛和难看的女人在说话，它们来自南部非洲。

① 彼得宫，彼得大帝于1709年在彼得堡近郊建的皇家行宫建筑群，有大小宫殿，广袤的园林及人工瀑布和数以千计的大小喷泉，面临芬兰湾。旧译“彼得戈夫”，因原先该处的俄文名称系荷兰语（低地德语）的“彼得宫”一词的音译，1944年起正式改用俄文的“彼得宫”一词。这里现在是旅游胜地。

在湿润的灌木丛里出现了蓝肚皮的蓝喉歌鸲和斑驳陆离的石鹏，沼泽里出现了金黄色的鹡鸰。

飞来这里的还有肚皮颜色各不相同的红尾伯劳，毛色各异、领毛蓬松的流苏鹬，绿中带蓝的蓝胸佛法僧鸟。

## 长脚秧鸡徒步来到这里

有一种奇异的飞鸟——长脚秧鸡是从非洲徒步来到这里的。

长脚秧鸡飞行很艰难，而且飞不快。

鹞鹰或隼很容易在飞行中将它们捕获。

不过长脚秧鸡奔跑非常迅速，而且很会在草丛里躲藏。

因此它宁肯徒步跨越整个欧洲，不知不觉地走过草甸和树丛。只有当它前进的道路被海洋隔断的时候，它才用翅膀飞起来，而且在夜间飞行。

现在长脚秧鸡整天在我们这里高高的草丛中叫唤：

“唧—唧！唧—唧！”

可以听见它的叫声，至于把它从草丛里赶出来，看清楚它的模样，你也不妨试一试。

## 松鼠享用肉食美餐

松鼠整个冬季都光靠吃植物性食物生活。它剥食坚果，吃在秋季储备的蘑菇。现在已到了它享用肉食美餐的时候。

许多鸟类已经营造了自己的窝并产下了蛋，有些甚至孵出了小鸟。

这事儿对松鼠可是正中下怀：它在树枝间和树洞里寻找鸟窝，从那里叼走小鸟和鸟蛋做自己的午餐。

这种漂亮的啮齿动物在毁灭鸟窝方面做得绝不比任何一种猛禽逊色。

## 我们的兰花

这些令人好奇的花朵在我们北方可是稀罕之物。当你见到它们的时候，你会情不自禁地回想起它们著名的亲属——在热带丛林里生长的迷人的兰花。在那里，甚至在树上也能遇见兰花。而在我们这儿它只长在地里。

我们这儿有些兰花的根部样子很特别：像一只张开手指的胖胖的小手。它们的花有时很美丽，有时不怎么好看。但是像香子兰、舌唇兰、红门兰这些花朵的香味却十分了得！你会因它们的香味而陶醉。

不过我们这儿的兰花中最出色的一种，我是最近几天在罗普什首次见到的。这棵我不认识的植物开着五朵美丽的大花。我把一朵花向上翻了翻，但马上厌恶地把手缩了回去。一只怪模怪样的暗红色苍蝇紧贴着花朵停在那儿。我用一个穗子向它拍打了一下。它动也不动。我仔细观察了一番。那不是苍蝇。它有带蓝色斑点的毛茸茸的身体、毛茸茸的短翅膀和一对小胡子。反正这不是苍蝇。这是我当时还不认识的一种花——娥菲里斯蝇状兰的一部分。

*H. 帕甫洛娃*

## 寻找浆果去吧

草莓成熟了。在阳光下能随意碰到完全成熟的鲜红草莓浆果——是那么甜，那么香！你吃上一颗，以后就会长久地想念它。

黑果越橘也成熟了。在沼泽地里云莓正在成熟。黑果越橘的灌木丛上有许多浆果，而草莓的浆果一棵上难得有超过五颗的。云莓最小气：它的茎顶只长一颗浆果，而且不是每株都结果——其余的植株开的是不结果的花。

*H. 帕甫洛娃*

## 毛脚燕的巢

5 月 28 日。在邻家农舍的屋脊下方，正对我窗口的地方，一对毛脚燕开始筑巢。这使我非常高兴，因为现在我将观察到燕子如何营造自己精美的圆形小屋，我将从头至尾观察到筑巢的全过程。它们什么时候趴在窝里孵卵，又如何给雏燕喂食，这一切我都将看个明白。

我注视着我的燕子往哪儿摄取建筑材料：在村子中间的小河边。它们直接停到水边的岸上，用喙啄取一小块黏土，马上带着它飞回农舍。在这里它们彼此交替，把一口口泥粘到屋脊下方的墙上，又匆匆回去衔取新的小泥块。

5 月 29 日。很遗憾，我无法独享见证新巢建筑的欢乐，因为邻居家的公猫费多谢依奇现在一早就爬上了屋顶。这是一只样子难看的灰猫，在和别的公猫打架时失去了右眼。

它一直在注视着飞来的燕子，已经在窥视屋脊的下方，看燕巢是否已经筑好。

燕子发出了惊恐不安的叫声，只要它不离开屋顶，它们就不再往墙上贴泥。莫非它们要从这儿彻底飞走？

6月3日。这几天燕子已用泥糊成了巢下部的基础——呈镰刀形的薄薄一圈。费多谢依奇老是爬上屋顶，使它们受到惊吓，影响工作的进程。今天下午燕子压根儿就没飞来过，看来它们已抛弃这个建筑。它们将为自己寻找一处更为安宁的地方，那样的话我就什么也观察不成了。

6月19日。连续几天一直很热。屋脊下方黑色的镰刀形泥巢已经干燥，变成灰色。燕子一次也没有出现过。白天乌云布满天空，下起了大雨。真正的倾盆大雨！窗外仿佛蒙上了一层透明的雨柱织成的帘子。街上急湍的水流汇成了小溪。哪儿也别想蹚水过河：河水漫上了岸，发疯似的汩汩流着，在岸边被水浸酥的泥地上，脚踩下去几乎没到膝盖。

傍晚时雨刚停，就有一只燕子飞来，到了屋脊下方。它把身子紧贴在筑了一半的镰刀形巢上，停了一会又飞走了。

我心想："也许并非费多谢依奇吓着了燕子，完全是因为这些天无处可取潮湿的黏土？也许它们还会飞来？"

6月20日。燕子飞来了，飞来了！并且不是一对，而是整整一群——整整一个使团。它们大家聚集在屋顶上，窥视着屋脊的下方，激烈地鸣叫着，似乎在争论着什么。

它们讨论了大约十分钟，然后又一下子飞走了，只留下来一只。它用两个爪子贴紧泥土堆成的镰刀，一动不动地停着，只用喙部在修正着什么，或许是在泥土上涂抹自己口中黏稠的唾液。

我确信这是只母燕——这个燕巢的主妇，因为不久公燕就飞了回来，把一小团泥从自己喙中塞到了它的喙中。后者开始继续糊巢，而那一只便飞去啄取新泥了。

公猫费多谢依奇来了。然而燕子们并不怕它，也不鸣叫，而是一直工作到太阳下山。

那就是说，燕巢仍然会在我的眼前落成！但愿费多谢依奇的爪子从屋脊上够不到这个燕巢。不过燕子也许知道该在什么地方营造自己的窝儿。

*驻林地记者：维丽卡*

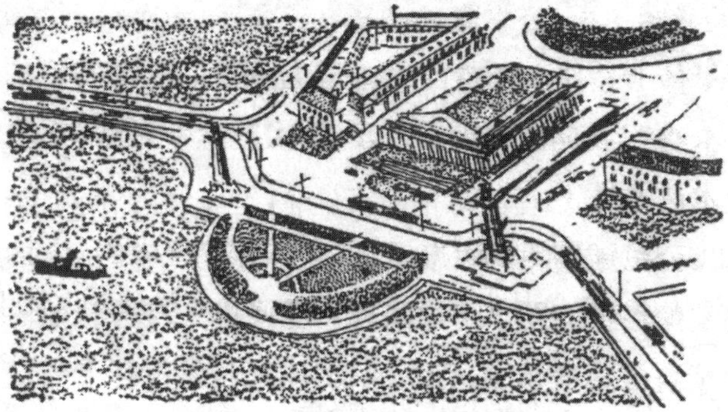

# 都市新闻

## 鸟说人话

一位公民来到《森林报》编辑部，说：

“早晨我在公园里踱步，突然灌木丛里有人吹着口哨问我而且声音是那么响亮，那么执著：‘你见过特里什卡吗？’我一看：四周一个人也没有，只有一只鸟——全身一片红色，停在灌木上。我向它瞅了瞅，心里想：‘这是只什么鸟，还懂叫出名堂来？它问的特里什卡是什么样的？’可它还是叫着自己那句话：‘你见过特里什卡吗？’我向它跨近了一步，因为想看个究竟。它嗖的一下钻进灌木丛不见了。”

这位公民见到的鸟叫朱雀。它是从印度飞来的。它的叫声听起来确实像在提问题。不过在把它翻译成人自己的话语时每个人就各按自己的理解了：有人说是“你见过特里什卡吗”，也有人说是“你见过格里什卡吗”。

## 客自大洋深处来

许许多多各种各样的鱼儿从大海和大洋来到内河里产卵。年轻的鱼群以后将从内河回到大海。

但是唯有一种鱼是出生在大洋深处而从那里游入内河生活的，它出生在大西洋的马尾藻海。

这种样子怪得出奇的鱼，叫铜板鱼。

你们没听说过这个名字吧？

其实这并不难理解：只是当这种鱼还很小，生活在大洋里的时候才这么称呼它。

那时它通体透明，甚至能见到它的肠子，身体两侧扁扁的，薄得像一张纸。长大以后它就变得像蛇。

到这时每个人才想起它的真名：鳗鱼。

铜板鱼在马尾藻海生活三年。到第四年它们变成了依然像玻璃一样透明的青年鳗鱼。

现在像玻璃一样透明的鳗鱼密密麻麻、成群结队地涌进了涅瓦河。

从自己在大西洋深处神秘的故乡到这儿，它们的行程不少于25000公里。

## 斑胸田鸡在城里昂首阔步

最近在夜间，郊区的居民听到断断续续的低声鸟叫："福奇—福奇！……福奇—福奇！"叫声先从一条沟里传来，过会儿又从另一条沟里传来。这是斑胸田鸡——生活在沼泽地的母鸡正在穿过城市。它是长脚秧鸡的近亲，也和长脚秧鸡一样徒步跨越整个欧洲来到我们这儿。

## 有生命的云

6月10日，许多人在列宁格勒涅瓦河畔的滨河街上散步。晴空无云，天气闷热。屋子里和柏油马路上热得叫人透不过气来。孩子们使性子闹着脾气。

突然间宽阔河流的对面出现了大块灰色的云团。

大家都停住了脚步，开始瞧这云团：云团在很低的地方快速移动，低垂在水面上方，眼看着一点点大起来。

这时它带着簌簌沙沙的声音将散步的人群笼罩其中，此刻大家才弄明白，这不是云团，而是巨大的一群蜻蜓。

在一刹那间，周围的一切神奇地改变了模样。

由于无数翅膀的扇动，吹起了一股清凉的轻风。

孩子们也不再闹脾气了。他们惊讶地看着阳光透过斑斓多彩、云母般透明的蜻蜓翅膀，在空中闪烁出彩虹般的五光十色。

所有散步的人的脸顿时变得绚丽多彩，每一张脸上都变幻着一道道微小的彩虹，太阳的一个个光影，星火般的一个个亮点。

有生命的云团带着沙沙声从滨河街上空疾飞而过，升向高处，消失在楼群后面。

这是新生的年轻蜻蜓，它们全体立刻就结成齐心协力的群体，飞去找寻新的居住地了。至于它们在何处诞生，又在何处降落，谁也没有发现。

这样的蜻蜓群体在许多地方并不少见。假如你看见这样的蜻蜓群体，可要记住年轻的蜻蜓从何处飞来，又去往何处。

# 狩猎纪事

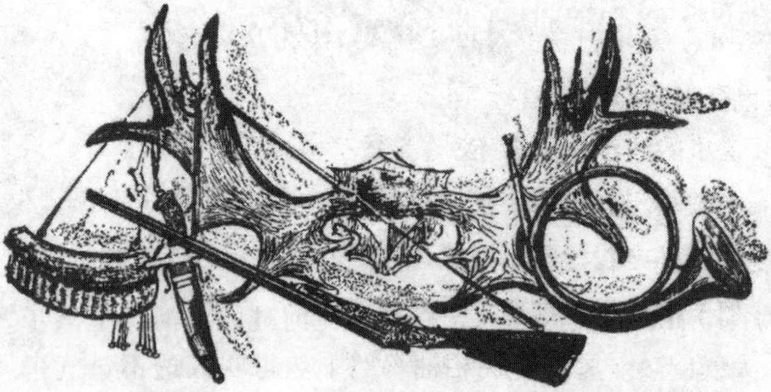

我们的国家地域辽阔。当列宁格勒近郊早已结束狩猎的时候，在北方河流才刚开始进入汛期，猎事活动也正值旺季。许多热衷打猎的人这时正赶往北方。

## 驾舟进入汛期的茫茫水域

*(本报特派记者)*

天空阴云密布，今夜如秋夜一样阴暗。

我和塞索伊·塞索伊奇驾着一叶小舟，沿着夹峙在陡峻的两岸之间的林中小河顺流而下。我拿着桨坐在船尾，他坐在船的前部。

塞索伊·塞索伊奇是个任何野兽、任何野禽都打的猎人。他不喜欢捕鱼，甚至看不起放钩垂钓的人。即使今天出门打鱼，他也不违背自己的宗旨：他出去是为了“猎”鱼，而不是用鱼钩、渔网或别的渔具捕鱼。

眼看着我们过了高峻的河岸，来到了汛期浩渺的水域。有些地方，水里露出一丛丛灌木的树梢，往前去，只见茫茫的大片树影，再往前，就是黑压压的林障。

这里的河岸长满灌木丛，在夏季形成了一条狭长的地峡，成为一个与小河分离的小湖。从湖里有一条小河汊与小河相通。不过现在不必寻找这条小河汊，水很深，到处是一片泽国。

船头的铁板上准备了干树枝和松脂。

塞索伊·塞索伊奇擦亮火柴点燃了它。

水上漂浮的篝火用红中带黄的火光照亮了宁静的水面，和小舟旁光秃的灌木丛黑魆魆的枝条。

但是我们顾不上观看两岸景色：我们正专心致志地注视着下面，湖水的深处。我勉强划动着船桨，不将它露出水面。小船静静地悄悄向前行进。

浮现在我眼前的是一个奇幻的世界。

我们已经置身湖上。水底下是深深地植根于地下的庞然大物，它们彼此交错纠结的长长毛发在无声地颤动。这是水藻还是水草？

眼前是一个黑暗的陷坑，深不见底。也许这儿未必会那么深：篝火的光亮透进水里的深度不会超过两米。然而望着这漆黑的无底深渊直觉得心里发毛：谁知道那里隐藏着什么呢？

这时，从水下的黑暗里升起一个明晃晃的小球，起先是慢慢地上升，接着越升越快，不断变大。

眼看着它急速地向我眼前飞来——立刻就要跳出水面，撞上我的脑门……

我身不由己地把头避向一边。

小球变成了红色，浮出水面，破裂了。

原来是个普通的沼气气泡。

我仿佛乘坐一艘空中飞船，在不知名的行星上空飞行。

身下漂过长满挺拔的密密丛林的岛屿。是芦苇吗？

一头黑色的怪物颤颤巍巍地把歪歪扭扭的触手向我伸来。怪物像章鱼，又像鱿鱼，不过它的触手更多，样子更丑陋，更可怕。这是什么呢？

原来就是一个根杈露出地面的树墩。这是一棵盘根错节的白柳的基部。

塞索伊·塞索伊奇的动作使我抬起了眼睛。

他站在船上，左手举着鱼叉：塞索伊·塞索伊奇是个左撇子。他双眼盯着水里，目光炯炯；他的样子看起来像个军人。这个小个儿大胡子战士似乎想用长矛叫拜倒在他脚下的敌人惊诧不已。

鱼叉的木柄有两米长，它的下端是五根闪闪发亮、带倒钩的钢齿。

塞索伊·塞索伊奇把被篝火映红的面孔转过来向着我，扮了个可怕的鬼脸。我把小船停了下来。

猎人开始小心翼翼地把鱼叉伸入水中。我向下望去，只看到这里水深处有一个笔直的黑色带状物。起先我以为那里是根棍子，后来开始明白，这是一条大鱼的脊背。

塞索伊·塞索伊奇慢慢地把自己的武器向水深处伸下去。他把它斜伸下去，手里握着纹丝不动的鱼叉，屏息凝神地站着。

猛然间他把鱼叉直插下去，与此同时使劲向黑色的鱼背刺去。

在他把自己的猎物拖出水面时，湖水涌动起来：鱼叉的钢齿上一条重约两公斤的圆腹雅罗鱼正在挣扎。

我们驾舟继续前行。不久我发现一条不大的鲈鱼。它凝滞不动地停在水中，脑袋钻进了水下的一棵灌木丛里。看样子，它似乎正在深沉地思索。

它距水面是那么近，所以我能看清它体侧的深色纹理。

我望着塞索伊·塞索伊奇。他摇摇头。

我心里清楚：对他来说这个猎物太微不足道了。我们就放过它。

我们就这样航遍了整个湖区。水下王国的神奇图景在我眼前一幅幅漂过。当需要再次把小船停下来，看猎人捕猎水下的“野味”时，我实在无法使自己不去观看这样的情景。

又有一条雅罗鱼、两条硕大的鲈鱼、两条金灿灿的细鳞冬穴鱼从湖底来到了我们的小船底。夜已快过去。现在我们驾舟在田野上方滑行。燃烧着的一段段树枝和红红的炭火咝咝地响着落入水中。偶尔能听见头顶上空看不见的野鸭扇动翅膀的声音。在一座黑漆漆的孤林里，麻雀大小的小猫头鹰在用温和的叫声告诉什么人：“我在睡觉！我在睡觉!”灌木丛后方一种叽叽叫的鸟儿发出悦耳的叫声，这是小公鸭在叫。

在前方，我发现船头前面的水中有一段短短的原木，我就掉转船头驶向一边，以免撞着它。突然我听到塞索伊·塞索伊奇发出令人惊恐不安的嘘嘘声：

“停住！……停住！……狗鱼！……”

因为激动，他说话的声音甚至开始变得像在说悄悄话。

他利索地把绳子缠到手上，绳子的另一头系着鱼叉柄的上端，然后非常仔细、久久地瞄准着，非常小心地把自己的武器伸进水里。

他用尽平生之力向狗鱼刺去。

好啦，现在这条鱼在拖着我们走了！幸好钢齿扎得很深，所以它摆脱不掉。

原来这条狗鱼的重量大约有 8 公斤。①

当塞索伊·塞索伊奇把狗鱼终于拖进小船时，天色几乎大亮了。黑琴鸡絮絮叨叨、响亮的叽叽叫声透过薄雾从四面八方传入我们耳际。

“好啦，”塞索伊·塞索伊奇乐呵呵地说，“现在我来划桨，你来打猎，别错过了。”

他把烧剩的树枝抛进水里，我们在船里换了位置。早晨清新的微风很快吹散了朝雾。晴空如洗。迎来的是一个美好明媚的早晨。

我们沿着一块笼在森林绿色轻烟中的林边空地划行。白桦白色光滑的树干和云杉深色粗糙的树干直接从水里挺拔而出。你向远方望去，森林宛如悬挂在空中。你向近处看去，两座森林静静地在你眼前漂移：一座树梢向上，另一座树梢向下。灰暗的水面荡漾着神奇的涟漪，如镜子一般映照出深色和白色的树干，细细的树枝在水中的倒影，宛如一根根线条，显得支离破碎，摇曳不定。

“准备！……”塞索伊·塞索伊奇提醒说。

我们驶近一个长着白桦的谷地—— 一个小树林，在水淹的林间空地上行舟。在林梢光秃的树枝上栖息着一群黑琴鸡。奇怪的是，在这些大鸟的重压下细小的树枝竟没有折断。

---

① 在我国许多州用鱼叉猎鱼已经被禁止。——原作者注

明亮的天空映衬出黑琴鸡结实的黑色身躯，细小的头颅，末端拖着两根弯曲羽毛的长尾巴。颜色微黄的母黑琴鸡显得更朴素、轻松和飘逸。

黑色和微黄色的大鸟的影子头朝下，伸长了身子在谷地下方的水中晃荡。我们离它们已近在咫尺。塞索伊·塞索伊奇默默地划着桨，赶着小船沿谷地推进。为了不惊动谨慎的鸟儿，我从容不迫地举起双筒猎枪。

所有黑琴鸡都伸长了脖子，朝我们转过了小脑袋。它们感到奇怪：是什么东西在水上漂？这有危险吗？

鸟类的思维是迟钝的。眼看着我们离最近的一只黑琴鸡一共只有五十步了。它不安地转动着小脑袋：万一有情况该往哪儿飞呢？它的两只脚交替地挪动着步子。它身子下面细小的树枝弯了下去。它的翅膀猛然扇了两三下，以便保持平衡。

然而它的伙伴们停在那儿岿然不动。它也放心了。

我开了一枪。轰鸣的枪声像气团一样沿水面滚向树林，又遇到林障的反射，向后滚了回来。

黑琴鸡的黑色身躯一下子扑通一声跌入水中，溅起的七色水珠扬起了一根水柱。鸟群激烈地扑棱着翅膀，一下子从白桦树上消失了。

我急忙瞄准正在飞离的一只黑琴鸡开了第二枪，但是落空了。

可是，一清早就得到这么一只羽毛丰满的鸟中俊美，难道还不心满意足吗？

“满载而归了！”塞索伊·塞索伊奇祝贺说。

我们捡起湿漉漉、没有生命、耷拉着身子的黑琴鸡，从容地徐徐划着小船回家。

一群野鸭在湖水上方疾飞而过，鹬群发出叽叽的叫声，黑琴鸡在岸上更加响亮、更加警惕地唠叨着，气呼呼地啾啾叫个不停。一轮旭日在森林上空冉冉升起。

云雀在田野上空放声歌唱。经过无眠之夜以后，却一点睡意也没有。

## 施放诱饵

狗熊常来我们周围偷鸡摸狗。有时听说在一个集体农庄里咬死了一头没下过崽的母牛，有时又听说在另一个农庄咬死了一匹母马。

在会上，塞索伊·塞索伊奇说了一句聪明话：

“既然它已冲着咱们的牲口来了，还等啥，咱们得采取措施呀。不是说加甫里奇哈家的小牛死了吗，把它给我：我用它来做诱饵。既然熊围着咱们的牲口群转，盯着不放，那它就会来上钩。要是它来了，那就别想碰一下牲口。我已想好招了。”

在我们这儿，塞索伊·塞索伊奇是个好猎手。

集体农庄把加甫里奇哈家的小牛给了他，说你干起来吧，那样我们会安宁些。

塞索伊·塞索伊奇把小牛放上大车，运到了森林里。在那里把它放在一个干净的场地，把牛尸的头部转向日出的方向。

塞索伊·塞索伊奇在本行事务中是把好手。他知道熊不碰头朝南或朝西躺着的动物尸体，因为它怀疑这是个圈套。

在尸体周围用没有去皮的白桦树木搭起一个低低的平台。离平台二十步的地方，在两棵并排的树上做了个离地约两米的观察点：用树条搭成的一个小台，夜间可以坐在上面守候野兽。

现在已万事俱备了。不过他没有爬上观察点，而是回家睡觉了。

一个星期过去了，他还在家里睡大觉。早晨他抽时间走到平台前，围着它走了一圈，卷了个漏斗形烟卷儿，抽了会马哈烟，就回家了。

我们农庄的庄员们开始取笑他。小伙儿对他眨眼睛，说：

"怎么样，塞索伊·塞索伊奇，看来还是家里的炉炕上睡得香吧？你不乐意在林子里守夜，是吗？"

他回答说：

"没有小偷，守夜也是白搭。"

他们对他说：

"可小牛犊已经发臭啦。"

他说：

"这就对啦。"

不管你对他说什么，他都不为所动。

塞索伊·塞索伊奇知道该怎么办。他还知道熊已经不是第一天围着畜群转了。只是如果眼皮底下放着一头动物尸体的话，熊不会去扑杀活的牲畜。

塞索伊·塞索伊奇知道野兽已经嗅到了小牛犊的尸体：猎人敏锐的眼睛已经发现，在放牛犊的平台四周有像人踩出的但带爪痕的脚印。但是熊还没有去动牛犊：显然它的肚子经常吃得饱饱的，它要等着吃更美味的食物——要等到动物尸体真正发出臭味的时候。这头毛茸茸的林中野兽的口味就是这样的。

死牛犊躺在林子里已经两星期了，可是塞索伊·塞索伊奇仍然在家里过夜。

终于他从脚印上看出熊已经越过平台，从牛尸上咬下一块好肉吃了。

当天傍晚，塞索伊·塞索伊奇带猎枪爬上了观察点。

夜里林子里静悄悄的。野兽们在睡觉，鸟儿也在睡觉。

它们在睡觉，但并不都在睡觉。猫头鹰悄无声息地扇动毛茸茸的翅膀，在空中飞过：它在窥测草丛里沙沙走动的老鼠。刺猬在林间游荡，寻找青蛙。兔子在咔嚓咔嚓地啃食山杨苦涩的树皮。獾在土里寻找只有它才看得见的草根。而熊也正无声无息地向诱饵偷偷逼近。塞索伊·塞索伊奇的眼皮困得睁不开来：他习惯于在夜间这个时候沉沉酣睡。他打了个盹儿。

他身子一颤：传来咯吱一声响！……

难道这是幻觉？

不是。没有月亮，但是北方的夏夜即使没有月光也是亮的。清晰得看得见在白色桦木平台边上有一头黑黢黢的野兽。

熊已经到达美食的边上在吧嗒嘴巴了。

“别急！”塞索伊·塞索伊奇心里暗想，“我有更好的东西款待你呢——铅做的牛肉饼。”

于是他举枪仔细地瞄准了野兽左边的肩胛。

骤然而起的枪声犹如雷鸣一般在沉睡的森林里到处滚动。受惊的野兽蹦得离地半米高。獾吓得像猪一样地嚎叫着往自己洞里跑。刺猬身体卷成一个长满刺的小球。老鼠赶紧往洞穴里蹿。猫头鹰不声不响地冲进一棵大云杉的漆黑阴影里。

但是万物又复归一片寂静。夜行的野兽壮大了胆子，重又操起了各自的营生。

塞索伊·塞索伊奇爬下观察点，走近平台。接着用马哈烟卷了个烟卷儿，抽了起来。他正不慌不忙地走回家去：天正在亮起来，能稍稍睡会儿觉也好。

而当整个集体农庄苏醒时，塞索伊·塞索伊奇对小伙们说：

“得啦，小子，把马车套起来，到森林里搬熊肉吧。”

熊没有碰我们的畜群。

# 夏

# 森　林　报

No. 4　　筑巢月

（夏一月）

6 月 21 日至 7 月 20 日　　太阳进入巨蟹星座

第四期目录

# 什么动物住在什么地方

孵育雏鸟的时节已经来临。森林里每一种鸟都为自己筑了巢。

我们的记者决定搞清楚兽类、鸟类、鱼类和昆虫各在什么地方居住，如何生活。

## 精致的家

原来整座森林从上到下现在都被动物的住所占满了。一处空闲的地方也没有剩下。它们住在地上，地下，水上，水下，树上，树内，草丛和空中。

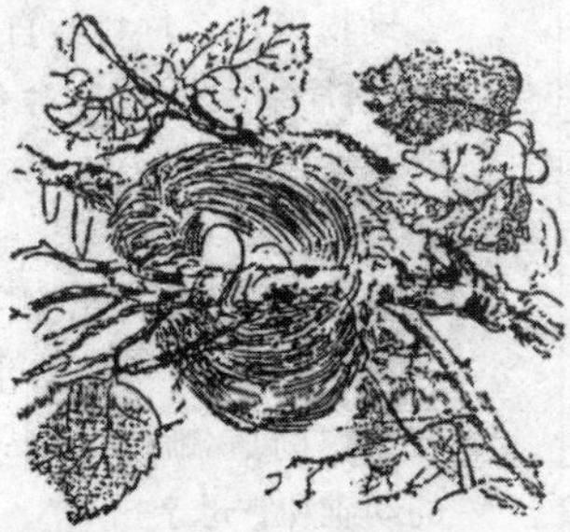

空中有黄莺的家。它把用大麻纤维、草茎、毛毛和绒毛编织的小篮悬挂在离地高高的桦树枝条上。小篮子里放着黄莺的蛋。真叫人奇怪，在风儿吹得树枝东摇西晃时，这些蛋竟不会被打破。

云雀、林鹨、黄鹀和许多其他鸟类在草丛里安家。我们的记者最喜欢柳莺的小窝棚。它用干草和苔藓做成，上面有盖儿，出入口在旁边。在树里面——树洞里——安家的有飞鼠（肢间有蹼的一种松鼠）、甲虫木蠹蛾、小蠹虫、啄木鸟、山雀、椋鸟、猫头鹰和别的鸟类。

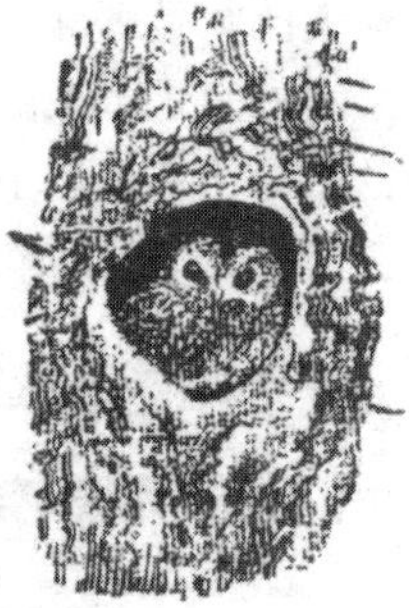

在地下安家的有鼹鼠、老鼠、獾、灰沙燕、翠鸟和各种昆虫。

凤头鸊鷉——属于潜鸟类的一种水鸟——做的是在水上漂流的窝，这种窝由一堆沼泽地的野草、芦苇和水藻构成。凤头鸊鷉趴在上面在湖面上任意漂流，就如乘着木筏一般。

在水下安家的有石蛾和水蜘蛛。

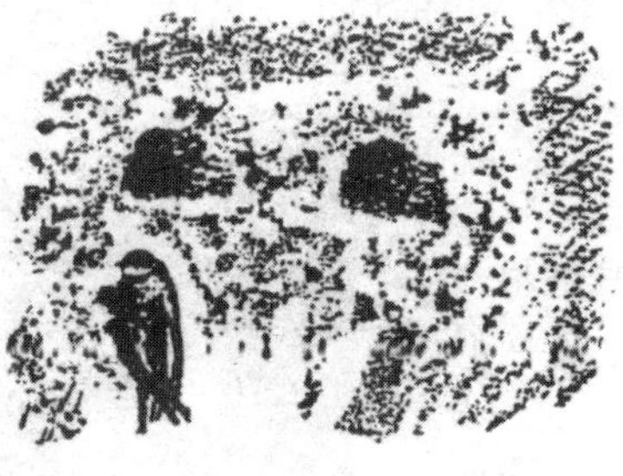

## 哪一种动物的家最好

我们的记者决计寻找最好的窝。看来要解答哪一种动物的家最好的问题并不那么简单。

最大的窝是鹰窝。它由粗树枝构成，安在高大粗壮的松树上。

最小的窝是黄头戴菊鸟的窝。整个窝大小像个小拳头，而且它本身的个头比蜻蜓还小。

最狡猾的窝是鼹鼠窝。它有那么多备用的通道和出口，所以你无论如何也无法从洞穴里挖到它。

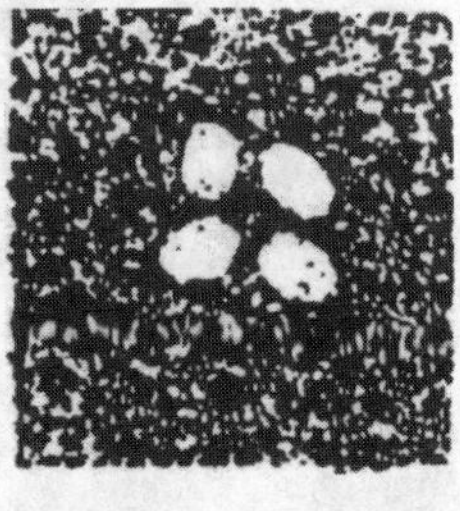

最精巧的窝是象甲虫（一种带长鼻的小甲虫）的窝。象甲虫啃食桦树叶的叶脉，树叶开始枯萎时就卷成筒状，它再用唾液将叶子黏住。在这样的筒状小屋里雌象甲虫就产下自己的卵。

最简单的窝是剑鸻和夜鹰的窝。剑鸻把自己的四个蛋直接产在河岸上的沙里，夜鹰把蛋产在树下干树叶堆成的坑里。这两种鸟在筑巢时不花太多的力气。

最美丽的是柳莺的窝。它在桦树枝上编织自己的窝，用地衣和轻薄的桦树皮修饰居处，再把从某一个别墅的花园里扔掉的各色花纸片编织进去作为装饰。

最安适的是长尾山雀的窝。这种鸟又叫汤勺鸟，因为样子像舀汤用的大勺子。它的窝内部用绒毛、羽毛和细毛发编织，外部则用苔藓和地衣编成。这个窝整个儿圆圆的像个小南瓜，入口也是圆圆的、小小的，位于窝的正中央。

最方便的是水蛾幼虫的窝。

水蛾是一种有翅膀的昆虫。它们在栖息的时候就把翅膀在自己背部像盖子一样叠起来，把自己整个身体都遮住。而水蛾的幼虫没有翅膀，身体是裸露的，没有东西遮蔽自己。它们生活在溪流和小河的底部。

幼虫常常找来一根火柴大小的树枝条或芦苇茎，用小沙粒在上面黏成一圆筒，将身体倒爬进里面。

这样做的结果非常方便：愿意的时候完全躲进圆筒里，尽管安安稳稳睡觉，谁也看不见；想出来的时候把前面的小脚伸出来，连同小屋一起在水底爬行，因为小屋很轻巧。

有一只水蛾的幼虫找到了一截丢弃在水底的烟卷儿的吸嘴，它就钻进里面，带着它在水底旅行。

最令人惊奇的是水蜘蛛的窝。这种蜘蛛把蛛网张在水草之间，在蛛网下方，自己毛茸茸的肚子上，它捉来许多气泡。蜘蛛就这样住在空气组成的小屋里。

## 还有哪一种动物有窝

我们的记者还找到了鱼类和鼠类的窝。

刺鱼为自己营造了一个名副其实的窝。筑巢的是雄鱼。为了筑巢它只用特别费力才能得到的草茎，如果不用嘴巴从水底拔起并抛到上面，这种草自己是不会浮上水面的。它把这些草茎固定在水底的沙滩上。它用自己的胶液涂抹巢的四壁和天顶，再在所有的小孔里塞进苔藓。在巢壁上它留下两个洞口。

一种很小的老鼠做的窝完全像鸟巢。小鼠用小草和撕成丝状的草茎编织自己的窝。鼠巢挂在刺柏的树枝上，约两米高的地方。

## 什么动物用什么材料给自己造屋

森林里动物的小屋是用形形色色的材料建筑的。

善歌的鸫鸟用朽木的粉末当混凝土涂抹自己圆巢的内壁。

家燕和毛脚燕用自己的唾液黏结泥土来筑巢。

黑头莺用轻而黏的蛛丝固定筑巢的细树条。

䴓——一种在直立的树干上能头向下奔跑的小鸟——入住了一个开口很大的树洞。为了防止松鼠钻进它的家，䴓用泥土把门堵死，只留很小的一个口子供自己的身子能挤过去。

最好玩的要数翠绿、咖啡、湖蓝三种颜色相间的翠鸟做的窝。它在河岸上给自己深深地挖一个洞，洞内的地面上铺上细细的鱼骨。这块垫子居然还很软和哩。

## 寄居别家

如果有动物不会或懒于为自己营造小屋，它就去霸占人家的房子。

杜鹃把卵产在鹡鸰、红胸鸲、莺和其他善于持家的小鸟的窝里。

林间白腰草鹬寻找旧的乌鸦巢，把自己的蛋产在里面。

鮈鱼非常喜欢位于沙岸边水下被主人废弃的蟹洞。鱼儿就在那里产卵。

只有麻雀的手段非常狡猾。

它把巢筑在屋檐下，却让小孩儿扒了。

它把巢筑在了树洞里，伶鼬又把所有的蛋拖走了。

于是麻雀把自己的窝依附在雕的大窝里。在构成这个窝的粗枝之间它自由自在地安下了自己的小窝儿。

现在麻雀日子过得安安稳稳，谁也不怕了。身高体大的雕对这么小的一只鸟压根儿连睬也不睬。无论伶鼬，还是猫咪或者鹞鹰，甚至小孩儿，都不会来捣毁麻雀的窝了，因为谁都怕雕呀。

## 公共宿舍

森林里也有公共宿舍。

蜜蜂、黄蜂、熊蜂和蚂蚁筑的巢可以容纳几百几千的居民。

白嘴鸦占据一座座花园和小树林作为自己的侨居地；鸥鸟则占据沼泽地、有沙滩的岛屿和浅滩；灰沙燕在陡峭的河岸上凿遍了自己栖身的小洞。

## 窝里有什么

窝里有鸟蛋，每一种鸟的蛋都各不相同。

但是问题并非不同的鸟有不同的蛋那么简单。

田鹬的蛋布满了斑点和小麻点，而歪脖鸟的蛋是白的，稍带点绯红色。

问题在于歪脖鸟的蛋下在又深又暗的树洞里，所以你看不见。而田鹬的蛋直接就下在小草墩上，完全外露。假如它们是白色的，那就谁都能发现。所以它们就被装饰成接近草墩的颜色，你还没发现，一脚就踩上了。

野鸭的蛋也几乎是白色的，而它们的巢也筑在草墩上，同样是开放式的。不过野鸭也要了点小花招。当野鸭要离开巢的时候，它就拔下自己腹部的羽绒，把蛋盖起来。这样蛋就看不见了。

可是为什么田鹬会生下这样一头尖的蛋呢？要知道像鸳这么体大而凶猛的鸟产的蛋却是圆的。

这又好理解了：田鹬是一种小鸟，比鸳小五倍。如果这些蛋不摆放得那么服服帖帖——尖头对着尖头，使尖的一头都在一起——以便尽可能不占地方，它怎么用自己小小的身躯来孵这么大的蛋并将它们遮蔽起来呢？

可为什么小小的田鹬有像巨大的鸳那么大的蛋呢？

对于这个问题，只能在下一期的《森林报》上回答了，到那时小田鹬该啄破蛋壳出世了。

# 林间纪事

## 狐狸是怎样把獾撵出家门的

狐狸遭了殃：它洞穴的顶塌了下来，差点把小狐狸压死。

狐狸看到大事不妙，得搬到别的地方去住。

它便去找獾。獾的洞穴很气派，还是自己挖的。有多个进出口，还有应对突然袭击的备用侧洞。

它的洞很宽敞：够两个家庭居住。

狐狸恳求住进去，可獾不让进。它是个处事一板一眼的主儿，

喜欢井井有条，干干净净，哪儿也不愿弄脏，怎么能让它带着一群孩子住进来呢！

它把狐狸赶跑了。

“好哇，”狐狸想道，“你这么对我！行，你等着！”

它做出到森林里去的样子，其实它到了灌木丛后面，在那儿坐着等。

獾往洞外瞅了瞅，见狐狸已经不在，就去森林里找蜗牛吃了。

狐狸一下子溜进洞里，在地上拉上大便，把洞里弄得一塌糊涂，就走了。

獾回来了，——老天，怎么这么臭！它懊丧地哼了一声，就出去为自己挖另一个洞了。

而狐狸要的正是这个结果。

它把幼崽拖来，开始在舒适的獾洞里过起日子。

## 顺应第一需求

在草甸和林间空地上，紫红色的草地矢车菊已经盛开。我见到它就要联想起伏牛花，因为它和伏牛花一样也会耍小花招。

矢车菊开的不是一朵花，而是一个花序。它那美丽的叉状小花是无实花。真正的花在正中央。这是一个深紫红色的小管子。在这根管子里面才是雌蕊和会耍花招的雄蕊。

只要碰一下紫红色的小管子，它就向旁边一晃，于是一团花粉就从管口溜了出来。

稍过一会你再碰一下这朵小花，它又一晃，又落下一团花粉。

这就是它的全部花招！

花粉不会平白无故地四处抛撒，

而是顺应每个昆虫的第一需求按份发放。拿去吃吧，把身子粘脏了，只求能把花粉带给另外一棵矢车菊，即使只有几小颗。

*H. 帕甫洛娃*

## 勇敢的小鱼

我们在前面已经说过雄刺鱼在水下筑了什么样的一个巢。

在工程结束后它选择了一条雌刺鱼，把它带回自己家。雌鱼走进门里，产下卵，马上就溜走到了别家门里。

雄鱼又去找另一条雌鱼来，接着又找来第三条和第四条，但是所有的雌鱼都从它身边溜走了，只把卵留下来让它照管。

于是雄鱼就独自留下来守家，而家里却放着一整堆的鱼卵。

河里有的是对刚产的鱼卵垂涎三尺的食客。可怜的小雄鱼只好守卫自己的窝，使它免遭水下凶猛的怪物的袭击。

不久前饕餮之徒鲈鱼向它的窝发动了攻击。小小的窝主英勇地投入了与怪物的搏斗。

它竖起了身上所有的五根刺：三根在背上，两根在肚皮上，机灵地向鲈鱼的面部猛扎过去。

鲈鱼全身披满了坚固的盔甲——鳞片，唯有脸部是不设防的。

鲈鱼被英勇的小鱼吓退了，便溜之大吉。

## 救命的刺猬

玛莎早早地醒了，把连衣裙往身上一套，就和往常一样光着脚跑进了林子。

森林里的小丘上有许多草莓。玛莎利索地采了一小篮，就踩着被露水浸得冰凉的小土堆蹦蹦跳跳地跑回家。但是她突然滑了一跤，痛得大叫一声：她的光脚丫子从小土堆上滑了下来，被尖利扎人的东西戳出了血。

原来土堆下边有一只刺猬。它立马蜷成一团，呼呼地叫起来。

玛莎哭了起来，坐到旁边的一个土墩上，开始用手帕擦脚上的血。刺猬叫过以后不响了。

突然一条灰色大蛇正向着她游来，它的背部有黑色之字形花纹，是条有毒的蝰蛇！玛莎吓得手足无措了。而蝰蛇却向她游来，吐着开叉的芯子咝咝直叫。

这时刺猬猛然舒展身子，迅速小步迎着蛇跑去。蝰蛇用身体的整个前部扑将过去，像鞭子一样抽到它身上。但是刺猬机灵地用它的刺在下面抵挡。蝰蛇可怕地咝咝叫起来，绕了开去，打算逃开它。刺猬追着它扑过去，用牙齿咬住蛇头后方的位置，两只爪子扎到它的背上。

这时玛莎回过神来，一骨碌跳起，逃回家去。

## 蜥　蜴

我在森林里的一个树桩边捉到一条蜥蜴，就把它带回了家。它住在一个宽敞的大罐子里，我往里面放了沙子和小石子。每天我更换罐子里的草根土和水，放入苍蝇、小甲虫、毛毛虫、蚯蚓、蜗牛。蜥蜴贪婪地把它们吃下去，张开大嘴把它们咬住。它特别爱吃白色的菜蝶。它把小脑袋迅速转向菜蝶这一边，张开嘴巴，伸出自己开叉的芯子，然后像狗一样跳起来去捕捉美食。

有一天早晨，我在沙子里小石子之间发现了十几个椭圆形的白色小蛋，外面包着薄薄的软壳。蜥蜴为这些小蛋选择了一处阳光晒得到的地方。过了一个多月蛋壳破了，从里面爬出灵活的小蜥蜴，样子很像它们的母亲。

现在这小小的一家子爬到小石子上面，懒洋洋地晒着太阳。

*驻林地记者：舍斯季雅科夫*

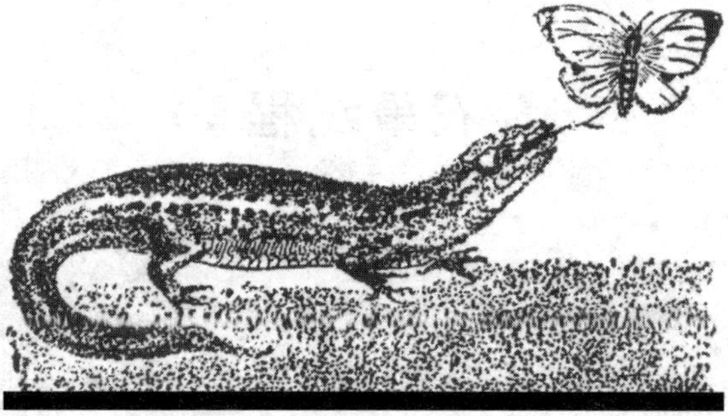

## 苍头燕雀的幼雏和它母亲

我们家的院子草木很茂盛。

我在院子里走着，突然脚下飞出一只刚出窝的苍头燕雀的雏鸟，它头上长着一撮尖尖的绒毛。它飞起来，又落下了。

我捉住它带回了家。父亲建议我把它放在敞开的窗口。

不到一个小时，小鸟的父母就开始飞来喂食了。

它就这样在我那儿过了一整天。

夜里我关了窗户，把小鸟关进了笼子。

早晨5点左右我就醒了，看见窗户的装饰框上停着小苍头燕雀的母亲，嘴里含着一只苍蝇。我跳下床打开了窗，开始从房间深处观察。

不久小鸟的母亲又出现了。它停在窗口。小鸟叽叽叫起来，——要求吃食。这时雌苍头燕雀毅然飞进房间，跳到鸟笼跟前，开始隔着笼栅给小鸟喂食。

接着它飞去寻找新的一份食料了。我把小鸟从笼子里取出来，带到了院子里。

当我想再看看小苍头燕雀时，它已经不在原地：母亲把自己的小鸟带走了。

*沃洛佳·贝科夫*

# 农事纪程

黑麦长得高过了人头，已经在开花。田野里的公鸡——山鹑伴着雌鸟，带着小小的雏鸟在黑麦地里走来走去。那些雏鸟，像一个个黄色的小球在滚动：它们已从壳里孵出，离开了窝。

正是割草的时节。农庄庄员们有的在手工割草，有的把割草机开到了地里。机器在草地上前进，挥舞着空空的叶片，它的身后留下了高高的一排排多汁而芬芳的鲜草，码得平平整整，仿佛用直尺画过似的。

菜园里一垄垄地上堆着绿色的洋葱——孩子们正在搬运。

小姑娘们和小男孩们正在来来回回采浆果。森林里这个月快开始时，在阳光照到的小丘上，甜美的草莓已经成熟。现在是浆果最多的时候，在林子里，黑果越橘还有水越橘正在成熟，而在多苔藓的林间沼泽地上，饱含果核的云莓由白色变成了绿色，又由绿色变成了金黄。随意采摘吧——不论哪一种浆果！

但愿孩子们多采些，到了家里要忙活的事太多了：担水，给整个园子浇水，给一垄垄菜地锄草。

## 跳来跳去的敌害

蔬菜上出现了一种背部有两道白色花纹的小甲虫。它们像跳蚤一样在菜叶上跳来跳去。

敲起警钟吧：菜园落入险境了。

可怕的敌害——巨大的跳甲虫，它们能够在两三天内毁灭几公顷的菜地。它们在尚未长大的嫩叶上咬出一个个小洞，使叶子变得像筛子一样，于是菜园完了！对萝卜、芜菁、冬油菜和大白菜来说，跳甲虫特别可怕。

## 征伐跳甲虫

对跳甲虫的战争是这样进行的。人们手持张着小旗子的杆子作武器。小旗的两面密密地涂上了胶水，只在下部边缘留出大约七厘米宽的空白。

他们带上这样的武器就向菜园进发，在一垄垄菜地间来回走动，把小旗在蔬菜上方来回扫荡，使未涂胶的下缘碰到跳甲虫。

跳甲虫向上跳跃，就黏在了胶水上。但这时还不能认为自己取得了胜利。新的一批害虫可能再度向菜园进攻。

应当在清晨趁青草还沾着露水就起床，通过细孔的筛子给蔬菜撒上草木灰、烟灰或熟石灰。在农庄大面积的土地上，这不是通过手工操作的，而是飞机播撒的。

这对蔬菜没有损害，而跳甲虫却被从菜园里驱除了。

## 飞来飞去的敌害

比跳甲虫更可怕的是蛾子。它们神不知鬼不觉地在菜叶上产卵。

从卵里孵化出毛毛虫，就啃食菜叶和菜茎。最危险的蛾子是：白昼活动的，有菜粉蝶（吃菜叶，长着有黑色斑点的白翅膀）和芜菁粉蝶（和前者一样，只是体形较小）；夜间活动的，有菜螟蛾（体小，翅膀下垂，前部赭黄色）、菜夜蛾（有茸毛，灰褐色）和菜蛾（细小的浅灰色蛾子，样子像衣蛾）。

和它们只能打白刃战：把卵搜集起来直接用手揿死。

还有一个办法：在蔬菜上撒粉，就像对付跳甲虫那样。还有一种敌害更可怕，它们直接攻击人类。

这些敌人就是蚊子。

在死水里游动着有毛的小蠕虫和眼睛勉强能觉察的蛹，蛹的头部大得不成比例，有小小的角状物。

这是蚊子的幼虫孑孓和蛹。这儿的沼泽里就有它们的卵：有一些黏在小船上漂流，另一些附着在沼泽地的草上。

## 蚊子和蚊子的区别

蚊子和蚊子不一样。一种叮过以后只觉得痒，然后起一个疙瘩。这是普通蚊子，不危险。而另一种叮过后你会打摆子，感染科学家所说的疟疾。得了这种病一会儿感到热，一会儿感到冷，又发抖、又发冷。病情减轻一两天后又来一遍。

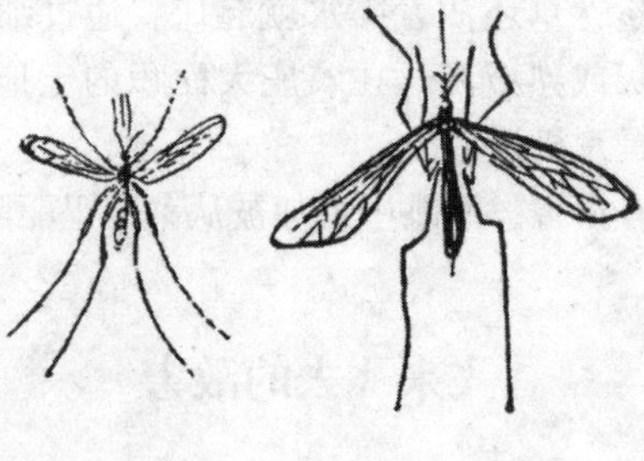

这种蚊子叫疟蚊。它的样子画在右边。

从样子来看两者彼此相似，但是雌疟蚊的吻（刺）两旁有触须。

吻上面沾有有毒微生物。蚊子叮人时这些微生物就进入人的血液，然后就破坏它。

因此人会得病。

科学家在仔细观察了高倍显微镜下的蚊子血液后知道了这一切。用肉眼是什么也看不见的。

# 狩猎纪事

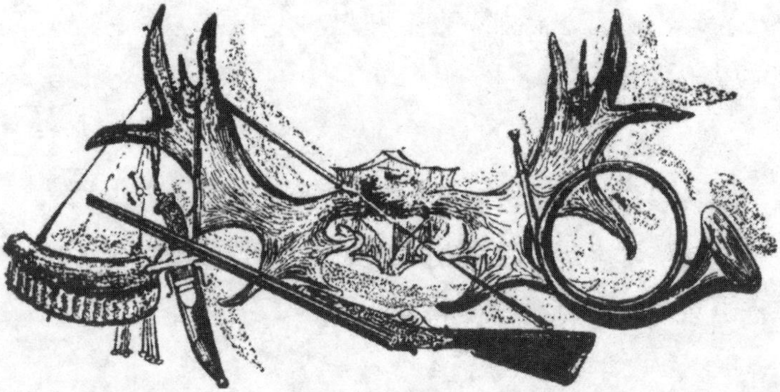

## 难得遇见的一件事

一件不常见的事让我们碰上了。

牧人助手从牧场跑来，喊道：

“一头没下过崽的母牛被野兽咬死了！”

农庄庄员们一片惊呼，挤奶的妇女们大哭起来。

这是我们最好的一头奶牛，在展览会上得过奖章。

大家都丢下手头的工作，跑向牧场去看个究竟。

在草场——我们那儿这样称呼放牧牲口的牧场——远处的一个角落里，森林边上，躺着被咬死的奶牛。它的乳房已被吃掉，后颈被撕碎，其余部分都完好无损。

“是熊，”猎人谢尔盖说，“它经常这样，咬死后又丢下了。然后等肉腐烂发臭了，又来吃它。”

“就是这么回事，”猎人安德烈表示赞同，“现在没什么可猜测的了。”

“大伙儿都散了吧，”谢尔盖说，“我们会在这儿树上搭一个观测台。不是现在，而是明天夜里，说不定熊会来这儿。”

这时他们俩才想到了我们的第三位猎人塞索伊·塞索伊奇。他个子小，在人群中不显眼。

“和我们一起坐下来看守好吗？”谢尔盖和安德烈问。

塞索伊·塞索伊奇没搭腔。他走到一边，仔细打量着地上。

“不对，”他说道，“熊不来这儿。”

谢尔盖和安德烈耸了耸肩。

“随你怎么想吧。”

庄员们四下散去，塞索伊·塞索伊奇也走了。

谢尔盖和安德烈砍下树条，在就近的松树上搭观测台。

他们一看，塞索伊·塞索伊奇带着猎枪和佐尔卡（他自己的猎犬）回来了。

他又仔细察看了母牛四周的地面，不知为什么还仔细地看了附近的树木。

接着他就向森林中走去。

当天夜里，谢尔盖和安德烈坐在观测台设伏。

他们坐了一夜，没见野兽出现。

又坐了一夜，还是没有。

坐过了第三夜，仍然没有。

猎人们失去了耐心。他们彼此说道：

“看来塞索伊·塞索伊奇侦察到了我们没看出来的什么东西。明摆着的事：熊没来。”

“那咱们问问他去？”

“问熊的事吗？”

“干吗问熊？问塞索伊奇。”

“另外无处可去了。只能去他那儿了。”

他们来到塞索伊·塞索伊奇家，而他刚从森林里回来。

他把一只大袋子卸到角落里，顾自清理着猎枪。

“是这么回事，”谢尔盖和安德烈说道，“你说得没错：熊没来。这中间的原因是什么，你倒开恩说说看。”

“你们什么时候听说过，”塞索伊·塞索伊奇问他们，“熊会吃被咬死母牛的乳房，而宁可把肉丢下的？”

两个猎人彼此交换了一下眼色：熊没做过这样的淘气事儿。

“那么地上的脚印你们看了吗？”塞索伊·塞索伊奇接着问。

“是啊，看啦。脚印的间距很宽，有四分之一俄丈①。”

“那么，爪印大不大？”

两个猎人尴尬极了。

“脚印上没发现爪痕。”

“问题就在这儿。熊的脚印上你首先看到的是爪痕。现在你们说说：什么野兽走路时把爪收起来的？”

“狼！”谢尔盖胡乱答道。

塞索伊·塞索伊奇嘿了一声。

“真不愧为善辨脚印的人！”

“得了吧，你，”安德烈说，“狼的脚印和狗的一样，只是要大些，而且比较窄。倒是猫——它确实把爪收起来走路的，它的脚印是圆的。”

---

① 1俄丈等于2.134米。

“这就对了，”塞索伊·塞索伊奇说，“是猫把母牛咬死了。”

“你在笑我吧？”

“你们不相信，看看袋子里是什么。”

谢尔盖和安德烈冲过去看袋子，解开一看，是一张有棕红色花斑的大猞猁皮。

这才弄明白了，究竟是什么野兽把我们的奶牛咬死的。至于塞索伊·塞索伊奇在森林里怎么遇到猞猁，又怎么把它打死的，这只有他和他的猎狗佐尔卡知道了。他们知道，却三缄其口，对谁也不说。

猞猁攻击奶牛的事一般很少见。可这事现在在我们这儿却发生了。

# 天南海北

## 无线电通报

### 请注意！请注意！

列宁格勒广播电台，这里是《森林报》编辑部。

今天，6 月 22 日，夏至，是一年中白昼最长的一天。我们设置了来自我国各地的无线电通报栏目。

我们呼叫冻土带和沙漠地区，原始森林和草原地区，海洋和高山地区。

请告诉我们，现在——正当盛夏时节，在一年中白昼最长、黑夜最短的日子里，你们那里正发生着什么？

— — — — — — — —

请收听！请收听！

## 北冰洋岛屿广播电台

你们说的是什么样的黑夜？我们忘记了什么叫黑夜，什么叫黑暗。

我们这儿现在是最长的白昼：它长达整整一昼夜。太阳在天空有时升起，有时降落，但是不在海上消失。如此情景已延续了几乎三个月。

天空没有变暗的时候，我们这儿的野草正以童话般的速度，不是按日计算，而是按时计算，从地里钻出来，长出叶子，开放鲜花。沼泽地里长满了苔藓。连光秃秃的岩石也盖满了各种颜色的植物。

冻土带复活了。

当然，我们这儿没有美丽的蝴蝶和蜻蜓，没有机灵活泼的蜥蜴，没有青蛙和蛇。也没有那些在冬季钻进地里，在洞穴中沉睡一冬的大小野兽。永久的冻土封住了我们的大地，即使在仲夏时节也只有表面解冻。

像乌云一样的蚊阵在冻土带上空嗡嗡鸣叫，但是我们这儿没有对付这些吸血鬼的歼击机——敏捷的蝙蝠。它们即使飞来这里度夏，可怎么在这里生活呢！它们只有在傍晚和黑夜才捕食蚊子，可这时候我们整个夏季既没有黑暗也没有黄昏。

我们这儿的岛屿上有不多的几种野兽。只有兔尾鼠——身体和老鼠一般大小的短尾巴啮齿动物、雪兔、北极狐和驯鹿。偶尔有硕大的白熊从海里游到我们这儿，在冻土上转悠一阵，寻找自己的猎物。

然而鸟儿，鸟儿在我们这儿却多得数不清！尽管所有背阴的地方都还积着雪，它们却已经以巨大的数量飞来我们这里。这里有角百灵、鹨、鹡鸰、雪鹀——所有会唱歌的鸟儿伙伴都在了。更多的是海鸥、潜水鸟、鹬、野鸭、大雁、暴风鹱、海鸠、嘴形可笑的花魁鸟和其他奇里古怪的鸟，这些鸟也许你们连听也没有听说过。

一片叫声、喧闹声、歌声。整个冻土带，甚至上面光秃的山崖都被鸟巢占满了。有的岩壁上成千上万的鸟巢排列在一起，岩石上所有最小的凹陷都被占据了，即使那里只能产下一个鸟蛋。喧闹声使人觉得这儿简直像个鸟类集市！如果有凶猛的杀手胆敢靠近这样的地方，鸟儿就会像乌云一样扑到它身上，叫声会震聋它的耳朵，鸟喙会将它啄死——它们不会让自己的孩子受委屈。

这就是我们冻土带上目前的欢乐景象。

你们可能会问："既然你们那儿没有黑夜，那么你们的鸟儿和野兽什么时候休息和睡觉呢？"

是啊，它们几乎不睡觉，因为顾不上。它们打一小会盹儿，就又开始工作了：有的给自己孩子喂食，有的筑巢，有的孵蛋。大家都有太多的事儿要操心，大家都匆匆忙忙，因为我们这儿夏天非常短暂。

至于睡觉，到冬天来得及把一年的觉都补回来。

## 中亚沙漠广播电台

我们这儿正好相反，大家都在酣睡。

我们这儿酷烈的太阳把绿色植物都晒干了，我们记不得最后一场雨是什么时候下的。更令人惊讶的是并非所有植物都已被晒死。

刺骆驼草本身的高度不到半米，但它有一个怪招：把自己的根扎到灼热的地下五六米深的地方，吸收地下的水分。还有一些灌木和草类不长叶子，而长绿色的细丝。这样它们就可以在呼吸时减少水分的散发。梭梭树是我们沙漠上不高的树木，它的树丛根本没有叶子，只有细细的枝条。

当风一刮起来，沙漠上空就升起滚滚沙尘，犹如干燥的乌云一般，遮天蔽日。这时会突然传来令人心惊肉跳的喧哗声和哨音：仿佛有成千上万条蛇咝咝地发出了叫声。

不过这并非蛇叫，这是梭梭树的细枝在狂风中振动空气发出的咝咝声和哨音。

其实蛇此时正在酣睡。红沙蛇也深深地钻到沙下，睡得正香。它是黄鼠和跳鼠的屠伯。

这些小兽也在沉睡。细脚黄鼠为了躲避阳光，用泥塞儿堵住自己的洞口，整个白天都在睡觉。它只在清晨出洞觅食。为了找到没有被晒干的小植物，现在它得跑多少路呵！黄色的黄鼠索性钻到地下去睡一个很长很长的觉：睡上一夏、一秋、一冬，直至来年开春。

它一年中只有三个月在东游西荡，其余时间就是睡觉。

蜘蛛、蝎子、多足纲昆虫、蚂蚁都躲避炎炎赤日去了：有的躲到了岩石下，有的躲到了背阴处的泥土里，只在黑夜里出来。无论动作敏捷的蜥蜴，还是行动迟缓的乌龟，你都见不到。

野兽们都迁徙到了沙漠的边缘，因为那里接近水源。鸟类早已把幼雏养大，所以带着它们飞走了。迟迟未动身的只剩下飞得很快的沙鸡了。它们要跋涉几百公里到最近的小河边，自己在这里饮饱喝足，还要把嗉囊灌满水，再飞速回到自己窝里给小鸟饮水。这样的奔波对它们来说不在话下。但是一旦它们的小鸟学会了飞行，沙鸡也离开了这可怕的地方。

唯一对沙漠无所畏惧的就是我们苏维埃人。他们有强有力的技术做武装，在条件可行的地方，开挖灌溉渠，从遥远的山区引来水源，叫没有生命的沙漠变成绿色的草场和田地，在这里培育出花园和葡萄园。

凡是没有人的地方，人类的头号敌人——风——就当家做主。它掀起一道道新月形沙丘，驱赶它们向人的居住地步步进逼，掩埋一座座房屋。唯一对它无所畏惧的仍然是我们人：他跟水和植物联手，坚定地给风设置了边界。在人工灌溉的地方耸立起树木的屏障，草把无数根须扎进了沙中，于是沙丘寸步难行。

在夏季沙漠完全不像冻土带。虽有阳光，但所有活物都在睡觉。夜是黑沉沉，黑沉沉的，也只有在黑夜里才会有胆怯的生命出没，它们被无情的太阳折磨得奄奄一息了。

请收听！请收听！

## 乌苏里原始森林广播电台

我们这儿有非常好的森林：它既不同于西伯利亚的原始森林，也不同于某些热带丛林：这里有松树，也有落叶松，还有云杉。这里还有缠绕着有刺的藤蔓和野葡萄藤的阔叶树。

我们这儿的野兽有：驯鹿和印度羚羊，普通棕熊和黑熊，兔子、猞猁和豹子，还有老虎、红狼和灰狼。

鸟类有：文静温和的灰色榛鸡和美丽多彩的雉鸡，我们的灰色和白色中国鹅，嘎嘎叫的普通鸭和栖息在树上、五颜六色、美丽绝伦的鸳鸯，还有白头大喙的白鹮。

在原始森林里白天闷热，昏暗，阳光无法穿透由茂盛的树冠构成的稠密绿色幕帐。

我们这里夜晚黑漆漆的，白昼也黑漆漆的。

所有的鸟类现在都在孵蛋或哺育幼鸟，所有野兽的幼崽已长大，正在学习觅食。

## 库班草原广播电台

机器和马拉收割机摆开宽广的队形在我们一望无边的平坦田野上行进——获得了大丰收。列车已从我们这儿把我们白亚尔产的小麦运往莫斯科、列宁格勒。

雕、鸢、鹭和隼在收割一空的田野上空翱翔。

现在正是时候，它们开始自由地惩治窃取丰收果实的盗贼——老鼠和田鼠，黄鼠和仓鼠：现在从很远的地方就能看清它们从哪里钻出洞来。想想都害怕，当庄稼还直立在根部的时候，这些可恶的有害小兽已经吃掉了多少麦穗！

现在它们正在收拾掉落在地的谷粒，用它充实自己的地下仓库，做越冬的储备。野兽也不亚于凶猛的鸟类：狐狸正在割过庄稼的田头捕鼠，对我们最为有益的草原白鼬正无情地消灭所有啮齿动物。

## 阿尔泰山广播电台

幽深的谷地里闷热而潮湿。在夏季炎热的阳光下，早晨的露水蒸发得很快。傍晚草甸上弥漫着浓雾。水蒸气向上升腾，给山崖带来湿气，冷却下来并凝成缭绕山巅的白云。你抬眼望去，黎明前高山上空是团团乌云。

可是到了白昼，太阳在高高的天空把水蒸气又变成了水滴，于是大雨从乌云里倾盆而下。

山顶的积雪正在徐徐融化。只有在常白的雪山上，在最高的峰峦上，继续保留着终年不化的积雪和寒冰，那是一整块冰雪的原野——冰川。那里，在极高的高处，气候非常寒冷，即使中午的阳光也不会使冰雪消融。

然而在它们下方，由雨水和消融的积雪而来的一道道水流却在飞奔直泻，汇成一条条溪流，沿山坡滚滚而下，从山崖上落下飞溅的瀑布，向山下直冲，流入大河。这就是一年中河流由于大量来水而第二次猛涨，河水溢出两岸，在谷地泛滥。

我们山区什么都有：下面的山坡上是原始森林，往上一点是肥沃的高山草甸——仿佛是一种草原，再往上就只有苔藓和地衣了，就如在最遥远的寒冷的冻土带那样。至于最高处，就是冰雪世界了，那里是长年的寒冬，就跟北极一样。

那里，在这极高的高处，既没有野兽，也没有鸟类生活。只有雕和秃鹫会飞到那里，它们在云端俯视，凭借敏锐的视力可以发现猎物。但是在下面，仿佛在一幢多层的房屋之中，现在却有许多各式各样的居住者安营扎寨，每一种都占据着自己的层面，自己的高度。

野公山羊比谁都爬得高，一直登上光秃的山崖。比这儿低一点的地方住着它们的母羊和小羊羔，还有像火鸡大小的大山鹑——雪鸡。

在青草鲜美多汁的高山牧场，放牧着一群群盘羊——直角的高山绵羊。随它们而来的便是雪豹。这里住着整群整群身肥体壮的旱獭——草原旱獭和许多鸣禽。再往下，在原始林里，住着沙鸡、松鸡、鹿、熊……

以前只在谷地里播种粮食，现在我们在越来越高的山区耕种田地。那里已不用马耕地，而用牦牛——一种长着长毛的高山牛。我们投入了大量劳动，以便从我们的土地获取更好的收成。我们确实获得了！

**请收听！请收听！**

## 海洋广播电台

三个无边无际的大洋冲刷着我们伟大祖国的海岸：西面是大西洋，北面是北冰洋，东面是太平洋。

我们乘轮船从列宁格勒出发，经芬兰湾和波罗的海，就到了大西洋。在这里我们经常和外国船只相遇，有英国的、丹麦的、瑞典的、挪威的，有商船也有客轮、渔船。他们在这里捕捉鲱鱼和鳕鱼。

出了大西洋我们就来到北冰洋。我们沿欧洲和整个亚洲部分的海岸走上了伟大的北方航线。这是我们的大洋和我们的航线，它是由我们俄罗斯勇敢的海员们开辟的。以前认为这里是不可通行的，到处是坚冰，充满了死亡的危险。现在我们的船长们带领一支支船队，由强大的破冰船引路，在这条航线上行驶。

在这些无人居住的地方我们看到了许多奇迹。从右面漂来墨西哥湾暖流。我们在这里遇见移动的冰山，在阳光下耀眼得叫人难以忍受。我们在此地从水中捕捞出海星、鲨鱼。

接着这股暖流折向了北方——向着北极，于是开始遇到在水面上静静移动、开裂又重新合拢的巨大冰原。我们的飞机进行着侦察，向船只通报何处可以在冰隙间通行。

在北冰洋的岛屿上我们见到了成千上万正在换毛的鸿雁，处于彻底无助的境地。它们翅膀上的大羽毛开始脱落，所以它们不能飞行。人们直接驱赶它们走进用网围起的栅栏里。我们见到了长着獠牙的海象，它们正爬上浮冰休息；还见到各种奇异的海豹：大海兔、冠海豹，后者会突然在头上鼓起一个皮袋子，仿佛戴上了一顶头盔！我们见到满口利牙的可怕虎鲸，它们猎食鲸鱼和它的幼崽。

不过关于鲸鱼我们还是下次再谈——当我们进入太平洋的时候，因为那里它们数量很多。再见！

———————

来自祖国各地的夏季无线电通报到此结束。我们的下次广播在9月22日。

# 森 林 报

# No. 5

## 育雏月

（夏二月）

7月21日至8月20日

太阳进入狮子星座

第五期目录

# 森林里的小宝宝

## 谁有几个小宝宝

在罗蒙诺索夫市城外的大森林里住着一头年轻的母驼鹿。今年它生下了一头小驼鹿。

白尾雕的窝也在那个森林里。窝里有 2 只幼雕。

黄雀、苍头燕雀、黄鸥各有 5 只幼鸟。

蚁鴷有 8 个小宝宝。

长尾山雀有 12 个小宝宝。

灰山鹑有 20 个小宝宝。

刺鱼窝里每一个卵产一条小刺鱼，一共有 100 条小刺鱼。

欧鳊鱼有几十万个小宝宝。

大西洋鳕鱼产的卵数也数不清，也许有 100 万颗。

## 失去照看的宝宝

欧鳊和大西洋鳕鱼对自己的孩子根本不关心。众所周知，它们就放任那些孩子自己孵化、生活和觅食。是呀，有啥办法呢，如果你有几十万个孩子？你不可能把它们都照看到。

一只青蛙一共有1000个孩子，即使这样它也不想它们。

当然失去照看的宝宝日子过得不轻松。水下有许多贪吃的怪物，它们都喜欢吃可口的鱼子和青蛙子，幼鱼和幼蛙。在没有成长为大鱼和大蛙前，究竟有多少幼鱼、蝌蚪送命，有多少危险在威胁着它们，——想起来简直感到害怕！

## 操心的父母

不过母驼鹿和所有母鸟，称得上是会操心的母亲。

母驼鹿为了自己的独生子小宝宝愿意献出生命。要是熊胆敢亲自向它攻击，它马上前后开弓，四条腿又蹬又踢，将它一顿狠揍，使得米什卡①下次再也不敢靠近小驼鹿。

我们的记者有一次在田野里碰见一只公小山鹑：就在他们脚边它蹿了出来，飞也似的跑进草丛藏了起来。

他们捉住了它，它就拼命叽叽叫！不知从哪儿突然冒出了母山鹑。它看见儿子在人的手上，就急得团团转，咯咯叫了起来，匍匐到地上，拖着一只翅膀。

记者以为它负伤了，就把小山鹑丢了，赶过去看它。

母山鹑在地上一拐一拐地走着，眼看着能把它一手抓住了，但是只要你一伸手，它就蹿到了一边。他们就这样一直追着母山鹑，

---

① 米什卡，俄国人名米哈伊尔的简称，米沙的贱称、昵称和爱称。在俄国，人们常用米什卡或米沙作为对熊的谑称。

突然它扑棱起两个翅膀，从地面上飞了起来，若无其事地飞走了。

我们的记者回过来找小山鹑，可它连影子也没有了。这是做母亲的为了救儿子，故意装受伤，把注意力从它身上引开。它对每个自己的小宝宝都这样呵护，可它一共才不过20个孩子呵。

## 反其道而行之

我们收到辽阔的祖国各地的来信，写到遇见一种很精彩的鸟的事。这个月人们见到它的地方既有莫斯科郊外和阿尔泰山区，也有卡马河畔和波罗的海，还有雅库特和哈萨克斯坦。这种鸟非常温和漂亮，好像城里出售给年轻钓鱼人的鲜亮浮子。而且它对你那么信任，即使你离它只有五步远，它仍然会游到你跟前最近的岸边，一点儿也不害怕。

其余鸟类现在都在自己窝里待着或孵小鸟，而这些鸟却成群结队聚在一起，在全国各地旅行。

奇怪的是这些色彩鲜明的美丽小鸟都是雌鸟。其他所有鸟类都是雄的比雌的光鲜漂亮，可这些鸟恰恰相反：雄的灰不溜丢，雌的五光十色。

更叫人奇怪的是这些雌鸟一点儿也不关心自己的孩子。在遥远的北方，在冻土带，它们在坑里产下鸟蛋就——再见了！而雄鸟却留在那里孵蛋，哺育和护卫小鸟。

一切都反其道而行之！

这种鸟叫鹬——圆喙瓣蹼鹬。

到处可以碰见它：今天在这里，明天在那里。

# 林间纪事

## 小熊崽洗澡

我们认识的一个猎人在林间的一条河边走路，突然听到很响的树枝断裂声。他心中一惊，就爬上了树。

从密林里走出一头棕色大熊，来到河边。和它一起来的是两只小熊崽和一只还未离开母亲的小熊——它一岁的儿子，担负着熊保姆的职责。

母熊坐了下来。

小熊用牙齿叼着一只熊崽的后颈，把它浸到河里去。

小熊崽尖叫起来，一面挣扎着，但是小熊在它没有在水里好生洗涤一番以前就是不放开它。

另一只熊崽害怕冷水浴，就开始往林子里溜。

小熊追上了它，用手掌打了它一顿，接着和第一只一样也把它浸到了水里。

它把熊崽在水里涮呀涮呀，偶然间一松口把它落进了水里。小熊崽绝望地嚎叫起来。这时母熊在刹那之间跳了起来，把小儿子拖上了岸，将小熊狠扇了一顿耳光，打得它嗷嗷直叫。

重新来到旱地上以后，两只熊崽对这个澡感到十分惬意，因为这一天天气很闷热，穿着这一身毛茸茸的厚皮大衣，它们觉得非常热。水使它们好生凉快。

洗完澡熊又在林子里消失了，猎人便从树上下来回家去。

## 浆　果

许多不同品种的浆果成熟了。花园里正在采马林果、红的和黑的茶藨子，还有醋栗。

马林果树在森林里找得到。它以灌木丛的形式生长。如果不折断它脆弱的茎秆，你就走不过去。你脚下一直都是咔嚓咔嚓的断裂声。但是这不会给马林果造成损失。现在挂着浆果的这些茎秆只能活到冬季之前。马上就会有接替的新茎。眼看着从它的地下根状茎上会长出多少年轻的茎秆！这些茎秆枝繁叶茂，缀满了花蕾。到来年夏天就轮到它们开花结果了。

在灌木丛和小草丘上，在树桩边的采伐地残址上，越橘正要成熟，浆果的一侧已经红了。

这些浆果一簇簇地长在越橘茎的顶端。有些树丛上大簇大簇的果子，长得密密的，沉甸甸的，压弯了茎秆，搁到了地面的苔藓上。

不由得想要挖一棵这样的树丛，移栽到自己家里照料起来，这样它的浆果会不会更大些呢？目前还没有在“失去自由”环境下培养成功的越橘。越橘是一种很有意思的浆果植物。它的果实能保存一冬，仍然可以食用，只要给它浇上凉开水或捣碎出汁。

为什么它不会腐烂？它本身就经过了防腐处理。它含有苯甲酸。

而苯甲酸可使浆果防腐。

*H. 帕甫洛娃*

## 猫咪喂养大的动物

春天我们家的猫咪生下了小猫，但被人抱走了。正好这一天我们在森林里捉到了一只小兔崽。

我们带回家，把它放到了猫身边。猫咪奶水很足，所以它很乐意给小兔崽喂奶。

就这样小兔崽喝猫奶长大了。它们俩非常友爱，连睡觉都在一起。

最好笑的事是猫咪教会了它收养的小兔崽和狗打架。只要狗一跑进我家院子，猫咪就向它冲过去，怒气冲冲地用爪子抓它。兔子也跟在它后面跑过来，用两个前爪打鼓似的打它，打得一绺绺狗毛到处飞舞。四周所有的狗都怕我们的猫咪和它喂养大的兔子。

## 小小转头鸟的诡计

我家的猫咪发现了一个树洞，便想那里是一个鸟窝。它想吃小鸟，就爬上了树，把脑袋伸进树洞里，看见洞底部有几条小蝰蛇在蠕动，扭来扭去，而且很凶地发出咝咝的叫声。猫咪害怕了，就从树上跳了下来，亡命而逃。

其实树洞里根本没有小蝰蛇，而是转头鸟①（蚁䴕）的幼雏。这是它们保护自己免遭敌害的诡计：把脑袋转来转去，脖子扭来扭去，因为它们的脖子会像蛇一样扭动。与此同时它们还会像蛇一样

① 学名为“蚁䴕”，系啄木鸟的一种另译“地啄木”“歪脖鸟”，本文中该名称的俄文还有一种表达形式，但其构成仍是“转动”和“脑袋”两个部分，故按字面译成“转头鸟”。

发出咝咝的叫声。谁都害怕有毒的蝰蛇。于是小小的蚁鴷就模仿蛇的样子来吓唬来敌了。

## 一场骗局

一只很大的鹞看中了一只母黑琴鸡和整整一窝毛茸茸的浅黄色小黑琴鸡。

它想午餐有着落了。

它已看准了，打算从上面向它们猛打下去，但这时母黑琴鸡发现了它。

母黑琴鸡叫了一声，于是所有的小鸟转瞬之间都消失了。鹞看呀看，就是一只小鸟也没有，仿佛陷进了地里似的！它只好飞走，去找别的猎物当午餐了。

这时母黑琴鸡又叫了一声，围着它蹦蹦跳跳地涌出了一群毛茸茸的浅黄色小黑琴鸡。

它们哪儿也没有陷进去，而是就地躺下，把身子紧贴在了地面上。你倒试试看，能不能把它们跟树叶、草和土块分辨清楚！

## 可怕的花朵

蚊子在森林的沼泽地上方飞呀飞呀飞累了，就想到要喝点儿什么。它看见了一朵花。花的茎是绿的，上面是一个个小小的白色小铃铛，下面，在茎的四周是像蜡烛盘一样圆圆的红色叶子。叶子上还有眼睫毛一样的毛毛，毛毛上是亮晶晶的一滴滴露珠儿。

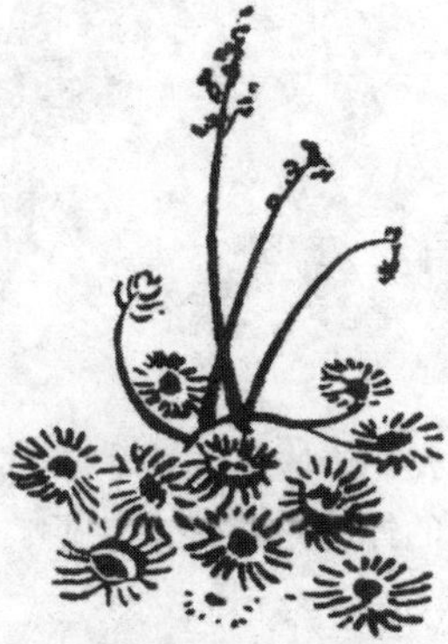

蚊子停到叶子上，把尖嘴插到露珠里，可是露珠儿又稠又黏，把蚊子嘴粘住了。

突然小毛毛都动了起来，像触手一样伸长了，捉住了蚊子。圆圆的叶子闭合起来，于是蚊子不见了。

后来当叶子重新展开时，蚊子的空壳掉在了地上：花儿吸干了蚊子的血液。

这是可怕的花朵，凶猛的花朵，叫茅膏菜。它捕捉小昆虫并把它吃掉。

## 别具一格的果实

能结出如此别具一格果实的老鹳草，却是一种杂草。它长在菜园里。这是一种其貌不扬、表面粗糙的植物，开的花像马林果的花，很一般。

现在一部分花已经谢了，在花的位置每一个花萼上竖起了一个“鹤嘴”。每一个鹤嘴就是五颗靠小尾巴联结的果实。它很容易分离。这就是一颗别具一格的老鹳草果实，头子尖尖，满身刚毛、长着小尾巴。长在末端的小尾巴弯成镰刀形，下面卷成螺旋状。这个螺旋状的东西遇潮会展开。

我把一颗果实放在掌心里，对它呵气。它开始旋转，发出声音。真的，再也没有螺旋状的东西，——展开变直了。但是在掌心里放了不多一会儿，它又卷了起来。

植物干吗要玩这套把戏？原因是这样的：果实在下落时会扎进土里，可是它的小尾巴却用镰刀形末端钩在了小草上。在潮湿的天气里，螺旋状的东西展开了，于是头子尖尖的果实就扎进了土里。

它没有退路可走：小刚毛不让它回去，它们向上竖着，在土里撑住了，毫不放松。

这就是它狡猾的一招：植物自己把种子栽到了地里！

至于老鹳草的小尾巴有多么敏感，我们从这一点可以看出：从前它曾被人们用作水文测量仪——测量空气湿度的仪器。人们将果实固定不动，小尾巴就起了指针的作用，它会运动并指示刻度，表示湿度有多少。

*H. 帕甫洛娃*

## 小凤头䴙䴘

我在河岸上走，看到水面上有一种鸟，不知是野鸭呢，还是别的什么鸟，说是野鸭又不像。我在想这究竟是什么鸟呢，鸭子的嘴是扁平的，可这些鸟的嘴却是尖的。

我赶紧脱了衣服，泅水去抓鸭子。它们避开我向对岸游去，我便跟着它们。眼看着要抓到了，它们却回头游向这边的河岸了！我追赶它们，它们却躲开我。它们引着我顺流而下，弄得我筋疲力尽，——我勉强才游回到岸边！最终还是没有捉到。

后来我多次看见它们，不过不再泅水去追它们。原来这不是鸭子，而是䴙䴘的孩子。

*驻林地记者：A. 库罗奇京*

*摘自少年自然界研究者的日记*

# 夏末的铃兰

8月5日。我家花园里小溪的对面长着铃兰。这种5月开花的谷地百合花——大科学家林耐①用拉丁语这样称呼铃兰，我比其他所有的花都喜欢。我喜欢是因为它那质朴无华、铃铛似的花朵白得像晶莹的瓷器，翠绿的花茎是那么柔韧，长长的叶子是那么清凉滋润，它的香味是那么怡神，整朵花又是那么清纯和充满朝气。春季里我早早地跑过小溪去采铃兰花，每天把新鲜的花束带回家，插在水里，于是整天小屋里洋溢着它的清香。我们列宁格勒郊外铃兰在6月开花。

而现在，时当夏末，可爱的花朵又给我带来了新的欢乐。

偶然之间我在它尖头的大叶下发现了红红的东西。我跪下来展开它的叶子，叶面下是坚硬而略呈椭圆形的一颗颗橙红色小果实。它像花一样漂亮，漂亮得使我禁不住想用它们来穿成耳环送给我所有的女友。

*驻林地记者：维丽卡*

---

① 林耐（1707—1778），瑞典博物学家，植物界和动物界分类法创始人。

# 农事纪程

收割庄稼的时间到了。家乡集体农庄的黑麦和小麦地看上去像海洋一样无边无际。高高的麦穗又壮又密，蓄含着许多谷粒。庄员们的劳动结出了硕果。不久这些谷物将会像金色的水流一样流入国家和农庄的粮仓。

亚麻也已成熟。庄员们出门去搬运亚麻。这件事是用机器来完成的。拔麻用的是拔麻机。用机器要快得多！女庄员跟在机器后面把倒下的亚麻扎成捆子，再把捆子竖着拢成垛——每十捆拢成一垛。很快田野上盖满了捆垛，仿佛一列列兵阵。

田里的公山鹑和它的母山鹑，以及它们已长大的全体小山鹑，被迫从秋播黑麦地转移到了春播作物地。

正在收割黑麦。在收割机多齿的钢锯下结实健壮的麦穗一捆接一捆地倒伏在地。男庄员们把它们扎起来，堆成垛。麦垛堆在田头，宛如列队受检阅的运动员方队。

菜地里的胡萝卜、甜菜和其他蔬菜也成熟了。庄员们把它们运往火车站，火车再运往各个城市，于是城市居民们在这些日子就能吃上可口的新鲜黄瓜、甜菜做的红菜汤、胡萝卜馅饼。

农庄的孩子们在森林采蘑菇，成熟的马林果和越橘。凡是有榛子林的地方，这些天就无法把孩子们从那里赶走：他们在采坚果，把口袋塞得满满的。

但是成人们现在顾不上坚果：需要收割庄稼，把亚麻在打谷场上脱粒，用快速联结机把所有耕过的土地耙一遍，因为很快就要播种越冬作物了。

*远方来信*

# 鸟 岛

我们乘舰艇在喀拉海东部航行。四周是浩瀚无际的水域。

突然索具兵叫了起来：

“一座山脚向上的山峰，正对着船头呢！”

“他产生什么幻觉啦？”我想着，于是爬上了桅杆。

清清楚楚可以看到我们正向一个山石嶙峋的海岛驶去，它悬在空中，山顶向下。

山崖在天上凌空悬着，山脚向上，没有任何支撑。

“我的朋友，”我自言自语说，“你的脑子急转弯了！”

但是这时我想起了一个词：“折射！”于是大笑起来。这是一种奇异的自然现象。

在这里极地海域经常有这种折射现象，或者叫海市蜃楼。突然会出现头朝下的远方的海岸或者船舰，也就是它在大气中颠倒的映象，就像在相机的取景框里那样。

几个小时以后我们驶近了远方的海岛。它当然没有想过要头向下凌空挂起，而是极其平静地将自己所有的山崖耸峙在海面上。

舰长确定方位并看了看地图以后，说这是比安基岛，位于诺登舍尔德群岛的入口。海岛这样命名是为了表示对一位俄罗斯大科学家的尊敬，他就是瓦连京·利沃维奇·比安基①，《森林报》就是为了纪念他而创刊的。因此我在想，你们也许会有兴趣了解这座海岛的外貌怎么样，上面都有些什么。

这座岛是由岩礁、巨大的漂砾和片石堆积而成的。上面既没有灌木丛，也没有草，有的地方只有淡黄和白色的小花耀人眼目，再就是岩石背风向南的一面，覆盖着地衣和很短的苔藓。这里有苔藓，

① 这是本书作者维塔里·瓦连季诺维奇·比安基的父亲。

像我们的松乳菇，嫩而多汁；这样的苔藓在任何别的地方我再也没有遇见过。在坡度平缓的岸滩上堆着整堆整堆的漂来物，也就是原木、树干和木板，是大洋把它们送到这里的，说不定来自几千公里之外。这些木材是那么干燥，你弯起手指头轻轻一敲都会咚咚响。

现在——7月底，这里夏季才刚刚开始。但这并不影响冰和不大的冰山安详地从岛旁漂过，它们在阳光下闪射出耀眼的光芒。这里经常有很浓的大雾，而且低低地弥漫在海面上，使你只能看见海上过往船只的桅杆。不过这里行驶的船只相当稀少。岛上没有人，所以这里的野兽根本不怕人——任何一个人都可以往它们尾巴上撒盐①，只要你带着盐。

比安基岛是名副其实的鸟类天堂。鸟类的集市——几万只鸟在那里密密麻麻地筑巢生息的山崖，这里倒没有。但是许许多多的鸟类却在整个岛上自由自在地安顿了自己的巢穴。这里筑巢而居的有数以千计的野鸭、大雁、天鹅、潜水鸟、各种各样的鹬。它们上方，在光秃的山崖上，居住着海鸥、海鸠、暴风鹱。这里的海鸥形形色色都有：有白鸥和黑翅鸥，小小的红鸥和叉尾鸥，还有以鸟蛋、小鸟和小兽为食的硕大而凶猛的市长鸥。这里还有巨大雪白的北极猫头鹰。美丽、白翅、白胸的雪鹀升到空中，像云雀一样婉转啼鸣。北极云雀长着黑胡子，头上有尖尖小小的角状毛，一面在地上跑，一面唱着歌。

至于这儿的野兽真是没的说！……

我拿了早餐，上岸去坐坐，就在海岬后面。我坐着，兔尾鼠却围着我拼命乱窜，这是一种大型啮齿动物，皮毛厚，毛色灰黑黄相间。

这个岛上有许多北极狐。我在岩石之间看到一只：它正偷偷逼近还不会飞的海鸥雏鸟。突然海鸥发现了它，整群鸟立刻全体出动

① 往尾巴上撒盐，是俄语中的一个成语，意思是“使生气，难堪”，在本文中指的是“谁也不可能惹得野兽惊慌不安”。笔者早年曾译比安基1934年的小说《我多么想往兔子尾巴上撒盐》，译文以《轮机手讲的故事》为题收入比安基的小说集，说的是格陵兰岛上兔子不怕人，也用了这个成语，可以佐证。

向它冲去，又叫又闹！小偷夹着尾巴亡命而逃！

这里的鸟类善于自我捍卫，不让自己的小鸟受欺侮。野兽就被迫挨饿了。

我开始向海上眺望，那里也有许多鸟在浮游。

我打了声呼哨。突然紧靠岸边的地方从水里钻出一个个光溜溜的圆脑袋，深色的眼睛好奇地盯着我看：这是什么标本？干吗吹口哨？

这是环斑海豹，体形较小的一种海豹。

接着，在再远些的地方，出现了很大的一只海豹——髯海豹。再后来是长着胡须的海象，个头比它还要大。突然它们都钻到水底下不见了，鸟类也都啼叫着升了空，原来从水下伸出了一个脑袋，一头白熊正在岛旁游动，这是北极地区最强大和凶猛的野兽。

我觉得饿了，就去找自己的早餐。我清楚地记得把它放在身后的石头上，可是这儿却没有。石头底下也没有。

我霍的一下站了起来。

石头下面蹿出一只兔尾鼠。

小偷，小偷，小偷，是你偷吃了！是它偷偷逼近，拖走了我的早餐：它牙齿间还带着我包灌肠面包的纸呢。

你看鸟类竟把体面的兽类逼到了这步田地！

*远航的航海长：基里尔·马尔德诺夫*

# 狩猎纪事

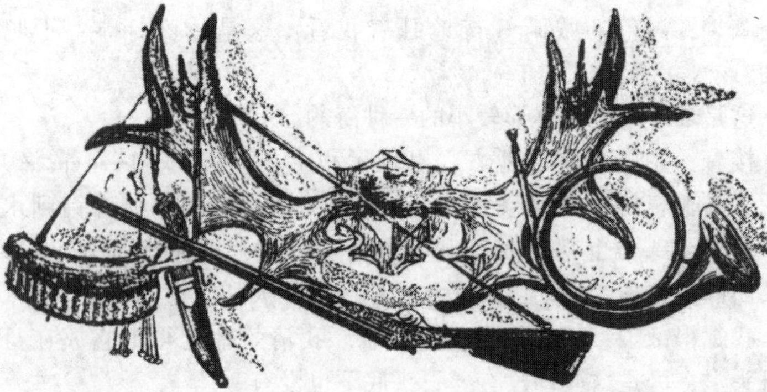

在幼鸟还没有长大和学会飞行时，该怎么打野味？不打幼小的鸟兽。法律禁止在此期间攻击野兽和鸟类。

但是夏季仍然允许猎杀吃林中幼小动物的猛禽，猎杀危险和有害的野兽。

## 光天化日下的劫掠

不仅在黑夜，就是在光天化日之下，农庄庄员们也被凶猛的鸟儿搅得心神不宁。

抱蛋的母鸡一不留神，老鹰就把它的小鸡抓走了。

公鸡刚跳上篱笆墙，鹞鹰嚓的一下把它抓住了。鸽子从屋顶上刚飞起，不知从哪儿冒出一只隼来。它冲进鸽群，只打了一下，四周就飞扬着鸽毛了；它接住打死的鸽子，顿时便消失得无影无踪。

所以如果凶猛的杀手叫一个农庄庄员撞见了，那个火冒三丈的人已经不会再去分析谁对谁错，而要把所有嘴巴像钩、爪子长长的鸟儿都杀了。他说干就干，把周围所有的猛禽都消灭了，这时他才会醒悟过来：田里老鼠会不知不觉地大肆繁殖起来，黄鼠会把所有的粮食都吃个精光，野兔会把所有的白菜都啃了。

于是不会算账的农庄庄员经济上损失惨重。

## 谁是敌，谁是友

为了不发生那样的事，首先得好生学会区分有害的猛禽和有益的猛禽。有害的是那些鸟，它们杀死野鸟和家禽；有益的是另一些，它们消灭田鼠、黄鼠和其他使我们受损的啮齿动物，以及螽斯、蝗虫等有害的昆虫。

就拿猫头鹰和鸮来说吧，不管它们样子有多可怕，它们几乎都是益鸟。有害的只是我们的猫头鹰中个儿最大的那些——张着两个耳朵、巨大的雕鸮和体大头圆的林鸮。就是这两种也常捕食啮齿动物。

日常所见的猛禽中最有害的是鹞鹰。我们这儿鹞鹰有两种：个儿大的苍鹰和个儿小的（比较瘦小，比鸽略长）鹞鹰。

鹞鹰很容易和别的猛禽区分开来。它们呈灰色，胸脯上有波浪形的花纹；它们头小额低，眼睛淡黄，翅圆尾长。

鹞鹰是力气极大又极其凶狠的一种鸟。它们能杀死比自己个头大的猎物，即使在吃饱的时候也会不假思索地把鸟儿杀死。

老鹰比鹞鹰要弱得多，根据它末端开叉的尾巴很容易认出它。对大型的野禽它不敢贸然攻击，只是观望，看可以从哪儿叼走一只小而蠢的小鸡或啄食尸体。

还有大型的隼也是害鸟。

它长着尖尖的镰刀形翅膀。它的飞行速度超过所有别的飞鸟，总是在飞行中离地面很高的地方打击猎物，以免在猎物转向避开攻击时自己胸脯触地而撞死。

小的隼最好不要去捕杀，因为其中有非常有益的品种。

比如说：红隼，或按俗称叫做“抖翅鸟”。

棕红色的红隼经常可以在田野上空见到。它悬在空中，仿佛被一根无形的线挂在白云上，同时抖动着双翅（因此它被称作“抖翅鸟”），因为这样它看得清草丛里的老鼠、螽斯和蝗虫。

雕造成的危害比益处多。

# 夏季开猎

从7月底开始急不可耐的情绪萦绕在猎人们的心头，他们变得烦躁不安了：一窝窝的小鸟小兽已经长大，可是州执行委员会还没有确定开猎的日期。

终于等到了：报纸上宣布今年对森林和沼泽地野禽野兽的猎捕允许从8月6日开始。

每位猎人都备足了弹药，猎枪也反复检查了多遍。5日这一天，下班以后，城里所有火车站都挤满了手持猎枪、牵着猎狗的人。

这儿什么样的狗没有呵！短毛猎狗和长着像树枝一样笔直尾巴的向导狗。它们什么样毛色的都有：白色带黄色小斑点的，黄色带花斑的，咖啡色带花斑的，白色、眼睛耳朵和整个身躯带黑色大花斑的，深咖啡色的，全身乌黑发亮的。还有长毛、尾巴像羽毛的塞特狗；白色、全身布满泛着蓝光的黑色小花点，还带几块黑色大花斑；红色塞特狗；有全身火黄，红里带黄的，几乎全红色的，还有大型塞特狗，身体重，动作迟缓，全身黑色带有黄色小花点。这一切都属于追踪狗，培育它们的唯一目的是在夏季狩猎中对付整窝的新生野禽。它们都被教会了一旦觉察野禽便就地伺伏：待在原地不动，等候主人到来。

还有另外一些小型狗，毛很长，腿短，挂着两只几乎碰到地的耳朵，尾巴的部位只留下一截残余。这是西班牙种的猎犬。它们不伺伏，不过带着它们很方便在草丛和芦苇里打野鸭，在林中杂草丛生难以通行的地方打黑琴鸡。

西班牙猎犬从水里、稠密的灌木丛林里、芦苇荡里，总之从四面八方把野禽赶出来，把打死的或只是打伤的野禽交到主人手里。

大部分的猎人乘坐近郊列车，分布在各个车厢里。所有乘客都看着他们，仔细端详漂亮的猎犬。车厢里的话题尽是有关野禽、猎犬、猎枪和行猎的功绩的。于是猎人们觉得自己是英雄，自豪地看着既不带枪又不带狗乘车的“普通百姓”。

6 日晚上、7 日清晨还是那列火车把同样的乘客往回运送。可是，唉！许多猎人的脸上挂的可并非凯旋的表情。他们背上可怜兮兮地挂着瘪瘪的背囊。

“普通百姓”对不久前的英雄们笑脸相迎。

“你们打来的野味呢？”

“野味留在森林里呢。”

“它们飞到海那一边去死了。”

但是人们用赞叹的窃窃私语迎接着在一个小站上车的猎人，因为他的背囊鼓鼓的。他对谁也不看一眼，正在寻找可以落座的地方，马上有人给他让了座。他自以为是地坐了下去。然而他那眼睛很尖的邻座却已经向全车厢的人宣告了：“哎！你的野味爪子怎么是绿的？”说着毫不客气地将他背囊的边揭开了一点。

从那里露出了云杉树枝的梢头。

狼狈不堪！

# 森　林　报

# No. 6

**成群月**

（夏三月）

8月21日至9月20日　　　　太阳进入室女星座

### 第六期目录

# 森林里的新习俗

林子里的小娃娃长大了，而且爬出了窝。

春季里成双结对地住在自己地盘的鸟儿，现在带着自己的孩子满林子游荡了。

森林里的居民常常彼此到家里做客。

连凶猛的走兽和飞禽也不那么严格地守卫自己的地盘了。到处有许多可餐的野味。什么都够吃。

貂、鼬、白鼬满林子转悠，到处可以轻易找到吃的：呆头呆脑的小鸟，不懂世故的兔崽子，粗心大意的小老鼠。

鸣禽成群结队在灌木丛和大树上到处漫游。

每一群都有自己的习俗。

这些习俗是这样的。

## 我为大家，大家为我

谁首先发现敌情，应当发出尖叫或打一声呼哨——向大家发出警报，以便整个群体立即四下分散。如果其中一员落难，整个群体就起来发出叫声和吆喝去吓唬来敌。

成百双眼睛和成百双耳朵警惕着来敌，成百只利嘴准备着击退进攻。汇入群体的小家庭越多越好。

群体里有为娃娃们定的法则：在各方面向年长的看齐。年长的安详地啄食谷粒，你也啄食。年长的抬起了头不动了，你就装死。年长的逃跑，你拔腿就逃。

## 会飞的蜘蛛

没有翅膀怎么飞呢？

可有些蜘蛛就变成了（应当要点小花招!）凌空漫游的飞行员。

蜘蛛从肚子里吐出细丝，把它搭在灌木丛上。风儿接住了蛛丝，就这儿那儿地到处扯，可就是扯不断它，因为它像丝线一样牢。

蜘蛛蹲在地上。挂在树枝和地面之间的蛛丝在空中飘荡。蜘蛛坐着绕蛛丝。它自身搅进蛛丝里面，整个身子就同包在一个丝做的小球里似的，而蛛丝还在源源不断地吐出来。

蛛丝变得越来越长，风儿更用力地扯它。

蜘蛛在地上站稳，把脚牢牢地扎住。

“一、二、三!”蜘蛛迎风走去。它咬断了扎住的一头。

一阵风吹来，蜘蛛脱离了地面。

蜘蛛和蛛丝飞了起来。

赶快把绕着的蛛丝解开！

空中小球正在升起……它在草丛、灌木丛的上空高高飞翔。

飞行员从上面俯瞰着：哪里可以降落呢？下面是森林、小河。继续往远方飞呀飞！

眼见得下面是一个院子，苍蝇在粪堆上飞舞。停！向下！

飞行员把蛛丝退绕到自己身子下面，用爪子把它捻成一个小球。凌空的小球越来越低地下降……

准备：着陆！

蛛丝的一头粘在了草上，落地了！

这里可以安安稳稳地开始过自己的小家庭生活了。

当许多这样的蜘蛛和它们的蛛丝在空中飞翔时——这样的事常发生在秋季天气晴燥的日子里——村里人就说："小阳春"到了。空中飞舞着秋季银光闪闪的白发……

# 林间纪事

## 把强盗罩起来

成群黄黄的柳莺在森林里辗转迁徙。从一棵树到另一棵树，从一个树丛到另一个树丛。每一棵树，每一丛灌木，它们都自下而上爬遍搜遍了。如果发现哪儿树叶下、树皮上、小洞里有蠕虫、甲虫、蛾子，就统统啄了吃，把它拖出来。

“啾伊奇！啾伊奇！”其中一只鸟惶恐不安地尖叫了一声。所有的鸟一下子都警觉起来，它们看见下面有一只凶猛的白鼬躲在树根之间，时而闪过黑魆魆的背影，时而消失在枯枝间，正在悄悄逼近。它那狭窄的身躯像蛇一样迤逦而行，凶狠的眼睛像星火一样在阴影里闪烁。

“啾伊奇！啾伊奇！”四面八方都叫了起来，于是整群鸟都急急

忙忙地离开了那棵树。

如果天亮着倒还好，只要哪一只鸟发现敌情，大家都可得救。夜里鸟儿们都蜷缩在枝叶下面睡觉。但是敌方并没有睡觉。猫头鹰无声无息地用柔软的翅膀推动着空气，飞近前来，一发现，就嚓的一下！睡梦中的小鸟吓得魂不附体，四下里逃命要紧，其中两三只就在强盗钢铁般的钩嘴里挣扎。天黑了真不是好事。

鸟群从一棵树到另一棵树，从一丛灌木到另一丛灌木，继续向密林深处跋涉。轻盈的小鸟与所有的枝叶擦肩而过，进入最为隐秘的角落。

在密林的中央有一个粗粗的树墩。树墩上有一颗形状丑陋的树菇。一只柳莺非常近地飞到了它旁边：这里会不会有蜗牛？

突然树菇灰色的眼皮徐徐抬了起来。眼皮下是两只燃烧的圆眼睛。

直到这时柳莺才看清像猫一样的圆脸和脸上凶猛的钩嘴。

它慌慌张张地闪到一边。“啾伊奇！啾伊奇！”鸟群慌作一团。但是没有一只飞走。大家都聚集在可怕的树墩周围。

“猫头鹰！猫头鹰！猫头鹰！请求帮助！请求帮助！”

猫头鹰只是气呼呼地啪的一下叩响了它的钩嘴：“到底碰上了！连个安稳觉也不让睡！”

可这时小小的鸟儿们却已经从四面八方向柳莺发出可怕警报的方向飞来！

它们把强盗罩住了！

小巧的黄头戴菊鸟从高高的云杉上下来了。活泼的山雀从树丛里跳出来，勇敢地加入了冲锋的队伍：它们就在猫头鹰的鼻子下面那么飞来飞去，辗转翻身，嘲弄地对它叫嚷：

“来呀，来碰我呀！来呀，来抓我呀！追我呀，抓住我！有本事光天化日下做，夜里行凶的卑鄙强盗！”

猫头鹰只是把钩嘴叩得啪啪响，眨着眼睛：大白天它能做什么呢？

但是鸟儿却在源源不断地飞来。柳莺和山雀的叫声和喧哗将整整一群勇敢而强大的森林乌鸦——松鸦吸引到了密林里。

猫头鹰吓坏了，它翅膀一扇，溜之大吉。趁自己还毫发未伤，逃命要紧，否则这一群群鸟的嘴巴啄下来，那还了得！

一群群的鸟紧追不舍。追呀，追呀，直到把它完完全全赶出森林。

这天夜里柳莺将会睡上一个安稳觉：受过这么一顿教训以后，猫头鹰不敢很快回到老地方来。

## 草　莓

森林边缘草莓正红。鸟儿常常寻找并叼走鲜红的草莓。它们把草莓的种子播撒到远方。不过有一部分草莓的后代会留在原地和母株一起生长。

现在这棵灌木边已经出现一条条蔓生的细茎——蔓枝。蔓枝的顶上长着小小的派生幼株：莲花形的一丛小叶和根芽。还有，在这里同一根蔓枝上有三丛叶子，第一丛已经长壮实了，第三丛——长在顶端的那丛——还没有发育全。蔓枝从母株出发向四方蔓延。应当就地在草稀之处寻找母株和去年的派生株。要是发现这种情况就好：母株在中央，派生株一圈圈地围在它四周，长成三国。每一个圈里有三棵植株。

草莓就这样一圈接一圈地占领着土地。

*H. 帕甫洛娃*

## 熊的胆量

晚上猎人从森林回到村里已经很晚。他走到燕麦地边，一看：燕麦中间黑糊糊的是什么东西在打滚？难道是牲口误入了不该去的地方？

他仔细一瞧，老天，是一头熊在燕麦地里！它肚子着地趴着，两只前爪把麦穗搂成一抱，塞到自己身子下面，吸着它的汁水。它懒洋洋地伸开四肢躺下，得意地发出呼哧呼哧的声音，看来燕麦的汁水挺对它胃口。

猎人恰好子弹没有了。只有小小的霰弹，那只适合打鸟。不过他倒是有胆量的小伙子。“唉，”他想道，“不管三七二十一，对天放一枪再说。不能让熊瞎子把农庄庄员们的生计给毁了。只要不伤着它，它就不会碰我。”

他托起了枪，突然在熊的耳朵上方响起了嘭的一声。地边有一堆枯树枝，熊瞎子像小鸟一样从这堆枯枝上蹿了过去。

它头向下打了个滚，又站了起来，头也不回地往林子里跑去。

猎人嘲笑了熊瞎子的胆量，就回家去了。

可是到早晨时他想道：“让我去瞅瞅，熊瞎子把地里的燕麦压坏得多不多。”他来到老地方，看到熊吓得没命逃跑的踪迹——那踪迹一直延伸到森林里。

他循迹走去，熊在那儿躺着，已经死了。

可见突发事件造成的惊吓有多厉害，况且还是森林里最强大、最可怕的野兽。

# 食用菇

下雨以后蘑菇又长出来了。

最好的是在松林里长的白蘑。

白蘑就是美味牛肝菌，粗粗壮壮，肉质肥厚。它的伞盖是深咖啡色的，发出的气味似乎特别好闻。

牛肝菌长在林间路上，低低的野草中间，有时直接就在车辙里。嫩的时候它样子很好看，像小线团。样子虽好，但很黏滑，所以总是粘着一些东西：有时是干树叶，有时是小草。

在同一个松林的小草地上长着松乳菇。这些松乳菇棕红的颜色很浓，老远你就看得见。而且这儿多的是！老的松乳菇几乎跟小碟子一般大，伞盖被蠕虫咬得都是小洞，菌褶有点发绿。最好的是中等大小的，比五戈比硬币稍大的那种。这些菌结实，伞盖中央凹进，边缘向上卷。

在云杉林里也有许多蘑菇。既有长在云杉树下的白蘑，也有松乳菇，不过这些蘑菇在这里跟在松林里不一样。白蘑的伞盖有光泽，

带点黄色，伞柄要细些，高些。松乳菇完全变成了和松林里两样的颜色，伞盖的上面不是棕红色，而是蓝莹莹的，略带点绿色，伞面上有一圈圈的纹路，跟树桩上似的。

白桦和山杨树下又有自己的蘑菇。所以被称为“桦下菌”和“山杨树下菌”①。其实桦下菌生长的地方远离白桦树，倒是山杨树下菌和山杨树紧密相连。它只能生在树根上。美丽的山杨树下菌形态秀美规整，无论伞盖还是伞柄，都像经过琢磨一样。

*H. 帕甫洛娃*

## 毒菌

雨后毒菌滋生得也不少。食用菌主要是白蘑，而毒菌则主要是毒鹅膏。得留心它！它内部含有所有毒菌中最厉害的毒素。吃下一小块毒鹅膏，比被蛇咬一口还厉害。它是致命的。

中了这种菌毒的人难得有救活的。

幸好识别毒鹅膏的方法并不难。它跟所有食用菌的区别在于它的伞柄仿佛是从大肚子瓦罐的细颈里脱胎而出的。据说毒鹅膏可能和香菇混淆（两者的伞盖都是白色），但是香菇的伞柄就像伞柄，谁也不会去想象它曾被嵌进瓦罐里。

毒鹅膏最像蛤蟆菌。有时它甚至被称为白蛤蟆菌。如果用铅笔将它画下来，猜不出这是蛤蟆菌还是它。跟蛤蟆菌一样，毒鹅膏的

① 这两个译名只是为了传达原文的语境而照字面直译的，其实这两种菇的学名应是“鳞皮牛肝菌”和“变形牛肝菌”。

伞盖上有白色破碎痕，而伞柄上有一圈小领子。

还有两种危险的毒菌，它们可能被误认为白蘑。这些毒菌叫做：胆汁菌和撒旦菌。

它们和白蘑的区别是它们伞盖的内面不是像白蘑那样呈白色或淡黄色，而是绯红甚至鲜红。再就是如果把白蘑的伞盖掰开，它仍然是白的，可是胆汁菌和撒旦菌的伞盖掰开后起初变红，后来变黑。

*H. 帕甫洛娃*

# 绿色朋友

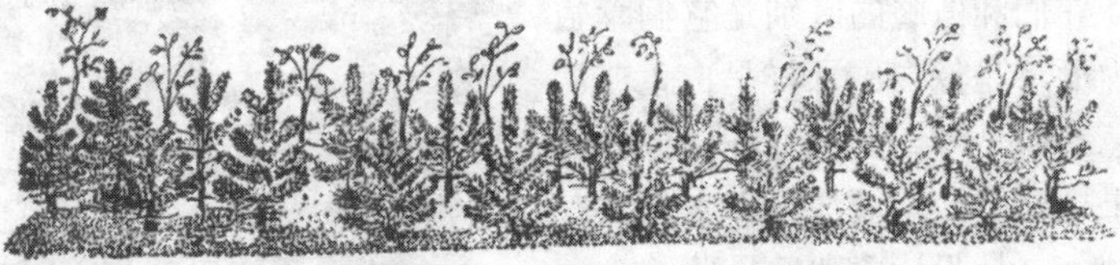

## 机器植树

现在需要种植的树木和灌木是那么多，光凭两只手是无法胜任的。

于是机器来助一臂之力了。人发明和制造了形形色色灵巧和能干的植树机械，无论种子、树苗，甚至大树它们都会种。有机器用来种植林带、绿化谷地、挖掘池塘、处理土壤，甚至养护苗圃。

## 我们帮助年轻的森林成长

我国人民正忙于从事和平的劳动。他们在伏尔加河、第聂伯河和阿姆河上建设水电站，把伏尔加河和顿河连接起来，营造防护林带，使田地免遭恶劣风沙的侵害。所有的苏维埃人都投身建设共产主义的事业。我们少先队员和中小学生希望帮助大人们从事这美好的事业。每一个少先队员都记得自己曾当着同学们的面承诺，一定要为成为一名合格公民而生活。这就是说我们的责任是为共产主义做力所能及的事情。

几十万棵年轻的橡树、枫树、山杨沿伏尔加河成行成列，从这一边缘到那一边缘，遍布整个沙漠。现在树木还小，还不够强壮，它们中每一棵树都有许多敌害：有害的昆虫、啮齿动物和燥热的风。

我们学校的共青团员和少先队员决定帮助年轻的树木抵御敌害。

我们知道一只椋鸟一天之内能消灭200克蝗虫。如果这些鸟能住在防护林带附近，就会给树林带来很多益处。我们同乌斯季库尔丘姆斯克和普里斯坦斯克的少先队员一起，在年轻的森林旁边制作并悬挂了350只椋鸟舍。

黄鼠和其他啮齿动物给年轻的森林造成巨大危害。我们将和农村的孩子们一起消灭黄鼠：在它们的洞穴里灌水，用夹子抓捕。我们将制作用于捕黄鼠的夹子。

我们州的农庄庄员们将在防护林带上补种苗木，为此需要许多种子和树苗。我们在夏季采集了1000公斤的树种。我们将在乌斯季库尔丘姆斯克和普里斯坦斯克的学校里建起苗圃，为防护林培育橡树、枫树和其他树木的树苗。我们将和农村的朋友一起组织少先队员巡逻队，保护防护林带免遭火灾、牲畜践踏和其他破坏。

当然这一切不过是少先队员们所尽的绵薄之力。但是如果苏联其余的少先队员和中小学生都按我们的样子采取行动，那我们大家一起定然会给祖国带来巨大好处。

*萨拉托夫市第六十三男子七年制学校的全体学生*

## 我们将帮助森林恢复元气

我们少先队大队参与了建造新林的工作。我们采集各种树林的种子，交给我们农庄和防护林站。我们在自己校内的园地里做了一个不大的苗圃，在里面栽种了橡树、枫树、山楂、白桦、榆树。种子是我们亲自采集的。

*少先队员：加丽娅·斯米尔诺娃*

*妮娜·阿尔卡迪耶娃*

# 农事纪程

我们的各个集体农庄里收割工作已近尾声。现在田头地里正是工作最繁忙的时候。首先要把最好的粮食缴给国家。每一个农庄都急于把自己的劳动果实首先缴给国家。

农庄庄员们已经割完黑麦，开始收割小麦；割完小麦就开始割大麦；割完大麦就着手割燕麦；割完燕麦就轮到割荞麦了。

装载着粮食——集体农庄的新收成的大车成群结队地从各个农庄向各火车站驶去。

而拖拉机一直在田间隆隆运转：秋播作物的种子已经播下，现在正在翻耕春播地，这是来年春季播种用的土地。

夏季浆果都已经过了时令，果园里苹果、梨子、李子已经成熟，森林里有许多蘑菇，长满苔藓的沼泽地上长着红艳艳的红莓苔子。乡村的孩子们用杆子打下花楸树上一串串沉甸甸的红色果子。

田间的公鸡——公山鹑和它的母山鹑还有整群的子女可倒霉了：它们刚从秋播作物田辗转进入春播作物田，现在又得在春播田里从一处向另一处边飞边跑了。

山鹑躲进了土豆地。那里已经不会有任何人碰它们了。

可是眼看着农庄庄员们又在土豆地行动起来——挖土。开动了土豆挖掘机。孩子们烧起了一堆堆篝火，在地里安上了炉子，就地边烤边吃烤得乌焦的土豆。他们每个人的脸都弄得很脏，灰不溜丢的，看上去很可怕。

灰色的山鹑又从土豆地里亡命奔逃。它们的子女也终于长大，已经准许对它们进行捕猎了。

得有个觅食和藏身之地，可在哪儿好呢？所有的田地庄稼都收割过了。但这时发现秋播的黑麦已经齐齐整整地长出了禾苗。有了觅食和躲避猎人敏锐眼睛的地方了。

# 狩猎纪事

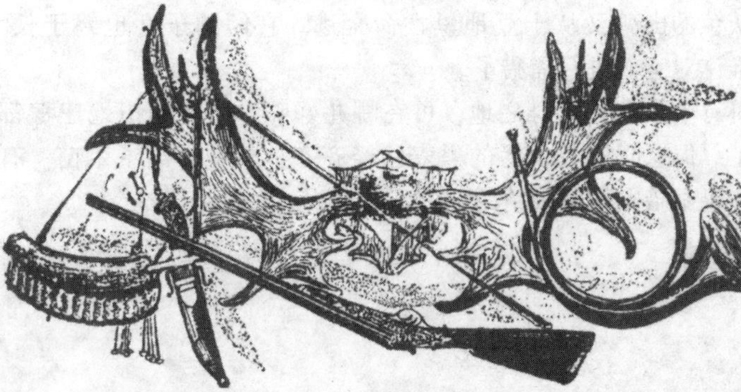

## 带塞特狗和西班牙狗出猎

*(本报特派记者报道)*

在8月里一个清凉的早晨，我随塞索伊·塞索伊奇出门去打猎。我的两只西班牙狗吉姆和鲍埃高兴地吠叫着扑到我身上。塞索伊·塞索伊奇的硕大漂亮的塞特种猎狗拉达把两只前爪搭到自己小个儿主人的肩头，往他脸上舔去。

“嘘，淘气鬼！”塞索伊·塞索伊奇故意没好气地说，一面用袖子擦着嘴唇，“咱去哪？……”

然而三条猎狗已经离开我们，在割过的草甸上奔跑了。塞特狗美女拉达大步快跑，在碧绿的一丛丛灌木后面闪过它那皮毛白里带黑的身影。我那两条矮脚狗委屈地发出抱怨的叫声努力追赶，却赶它不上。

愿它们遛出个好胃口来。

我们走近一丛灌木。吉姆和鲍埃听到我的口哨回来了，在附近忙个不停：闻着每一个树丛，每一个土丘。拉达在前面大步流星地穿梭，在我们面前左冲右突。突然它跑着跑着一下子站住了。

仿佛撞着了一道无形的铁丝网似的。它站着，保持着停止奔跑那一瞬间的姿势：脑袋转向左边，背脊柔顺地弓着，左前腿举着，蓬松的尾巴伸得直直的。

使它的奔跑戛然停止的不是铁丝网，而是一股野禽的气息。

“想打吗？”塞索伊·塞索伊奇建议说。

我谢绝了。我把自己的狗叫来，吩咐它们在我脚边趴下，使它们不去干扰并把野禽从拉达伺伏的地方赶出来。

塞索伊·塞索伊奇不慌不忙地走近它，然后停住了脚步。他从肩头卸下猎枪，扳上扳机。他拖延了纵狗向前的时间，显然他和我一样在欣赏这样一个精彩的画面：猎狗伺伏待命，保持着优雅的姿势，满怀着强忍的激情和紧张。

“向前走。”塞索伊·塞索伊奇终于说了这三个字。

拉达不动声色。

我知道这里有一窝山鹑。现在塞索伊·塞索伊奇将向猎狗重复这个指令，它会向前迈出一步，于是从灌木丛里噼里啪啦会蹿出一群棕红色的大鸟。

“向前走，拉达！”塞索伊·塞索伊奇一面举起猎枪，一面重复指令。

拉达迅速向前冲去，它跑了个半圆，又停步保持了伺伏状态，此刻是在另一丛灌木边。

那儿是怎么回事？

塞索伊·塞索伊奇又走到它身边命令说：

“向前走！”

拉达竖起耳朵倾听着树丛里的动静，躲着它跑。

树丛后面空中无声无息地飞出一只浅棕红色、个头不大的鸟。它似乎不太熟练地、无精打采地扇动着翅膀。它那两条长长的后腿挂在后面，仿佛被打断了。

塞索伊·塞索伊奇放下猎枪，召回了拉达。

原来是这么回事：是长脚秧鸡！

春天里听到这种生活在草丛里的鸟发出尖锐刺耳的声音，它在草甸上的叫声，猎人是感到多么亲切，可是在狩猎的季节它使猎人厌恶，因为长脚秧鸡会使猎狗的伺伏坚持不下去，它会不知不觉地从猎狗身边逃走，使它中止伺伏。

不久我和塞索伊·塞索伊奇分开了，约定在林中小湖边会合。

我沿着一条绿树掩映的狭窄河谷走，一条小溪流经这里，两边是林木葱茏的山冈。咖啡色的吉姆和它的儿子——黑白咖啡三色相间的鲍埃跑在我的前面。需要始终常备不懈，用双眼留意这条狗和另一条狗，因为西班牙狗不会伺伏，随时都可能把野禽赶得飞起来。它们钻进每一丛灌木，消失在高高的草丛里，又重新出现在视野。它们被砍短的尾巴在不停地运动，作螺旋状的快速转动。

是呀，不能让西班牙狗留长尾巴，它在草丛和灌木上挥动时会拍打出多响的声音：狗会把整条尾巴打坏，因为它在树丛上狠命地拍打。西班牙狗的尾巴在小狗三星期大的时候被砍短，这样它就不会再长。只留下人手能整个儿握住的那么一截，如果一旦它陷进了泥沼里，只能揪住尾巴把它拖出来。我用双眼盯着两条狗，自己也不明白我怎么同时还来得及看清四周的一切，发现成百上千美好而令人惊异的事物。

我看到太阳已经升起在树林上空，在枝叶间和草丛里变幻出许许多多金光灿烂的兔子和长蛇。我看到各处的草丛里和灌木上蜘蛛网最为纤细的一条条银丝在闪闪发光。我看到一棵松树奇巧地弯倒了自己的树干，仿佛变成了一张巨大的椅子。这张椅子上该坐着童话中的树精，这不是吗，在座位上，一个小窝里蓄着水，几只蝴蝶在旁边轻轻扇动着翅膀。

它们正在饮水……而我却嗓子眼干得要冒烟。在脚边一棵宽叶翠绿的羽衣草上有一颗硕大、晶亮、无比珍贵、宝石一般的露珠。

得小心翼翼地——千万别让它滚落了——俯下身去，摘取羽衣草的这片叶子，它的褶皱里蓄着世上最为纯洁的一滴露珠，而露珠里则精心汇聚着朝阳的全部欢乐。

毛茸茸滋润的草叶轻触双唇，于是甘洌的露珠滚上了干渴的舌头。

吉姆突然吠叫起来：“啊，啊！哈—哈—哈—哈！”于是替我解渴的草叶顿时被抛置脑后，飞到了地上。

吉姆一边叫一边沿着溪岸奔跑，它尾部的螺旋状运动更加频繁和迅速了。

我赶紧往溪边跑去，努力使自己在岸上能赶在狗的前面。

但是我还是没来得及赶上：随着不太响亮的翅膀扑打声，一只看不见的鸟在一棵枝叶扶疏的赤杨后面飞了出去。

眼看着它在赤杨后面垂直上升，原来是只会嘎嘎叫的大野鸭。我因为心情激动，瞄也不瞄，举起枪透过枝叶就向它随意开了一枪。鸭子向后面的溪中坠落下去。

这一切发生得那么快，我简直觉得我没有开枪，是我的意识把它打下来的。我只想了想，它就掉了下来。

吉姆已经游过去取猎物，正把它搬上岸。它顾不上抖搂身上的水，一刻也没有松开叼着鸭子的嘴巴——那长长的鸭脖子垂到了地面，径直将它交到我手上。

“谢谢你，老头，谢谢你，亲爱的！”我俯身抚着它。

可它却已经在抖搂身上的水了，于是所有的水雾直接向我的脸上飞溅过来。

“哎哟，不懂礼貌的家伙！继续往前去吧！”

狗跑走了。

我用两个指头拿住鸭嘴的末端，把鸭子悬在空中。嘿嘿！鸭嘴没拉断，它系住整个身体的重量不在话下。那就是说是只成年的壮鸭，不是现在出窝的新鸭。

我匆匆忙忙地把鸭子挂到子弹带的皮带上，因为我那两条狗又在前面叫了。我急忙向它们走去，边走边装弹药。

狭窄的溪谷到这儿变宽了，一块小沼泽地一直延伸到山坡下，上面布满草墩、苔草。

吉姆和鲍埃在草丛里穿进穿出。那里究竟有什么？

整个世界现在就和这块小小的沼泽地融合在一起了，在猎人心中没有别的愿望，只有一件事：快点儿看见两条猎狗在草丛里感觉到了什么，会飞出什么样的鸟儿，而且还要开枪不落空。

高高的苔草间看不见我那两条矮脚狗的身影，但是时而这里，时而那里，它们的耳朵像翅膀一样蹿到苔草的上头：两条狗正在作搜索式的跳跃，——要跳到跟前，以便看清近处的猎物。

长脚的田鹬从草墩里拔脚走的时候发出嚓咕嚓咕的声音，那声音听起来仿佛你穿着靴子拔脚走在泥沼里。它飞得低低的，绕着大大的“之”字形。

我瞄准了。开了一枪，飞走了！

它飞了一个大大的半圆，然后伸出笔直的双腿降落到离我很近的草墩下面。它把自己像剑一样笔直的长喙俯向地面，停在了那里。

我不好意思这么近开枪打它，况且它停着。

可是吉姆和鲍埃却已经在旁边了。它们又赶得它飞了起来。我用左边的枪筒开了一枪，又落空了！

唉，真倒霉！你看我打猎打了三十年了，平生到手的田鹬也有几百只了，可是只要看到野禽在飞，心里还是按捺不住。我性急了一点。

可是有什么办法呢。现在得寻找黑琴鸡了，否则塞索伊·塞索伊奇看着我的猎物只会轻蔑地笑笑：对城里的猎人来说，田鹬是一件漂亮的猎物，最为美味的菜肴，可乡下的猎人甚至不把它当鸟，跟一片面包、一件小玩意一样。

塞索伊·塞索伊奇在小山后面已经开到第三枪。也许打到的野禽已有约莫5公斤，不会少。

我跨过小溪，爬上一座峭壁。从这里的高处往西方可以看很远：那里有一大块采伐过的林地，它后面是大片的燕麦。我看见拉达的身影就在那里晃动。又看到塞索伊·塞索伊奇本人也在那里。

啊哈！拉达站住了！

塞索伊·塞索伊奇走近前去。只听见他开枪了：砰，砰！……双管齐发。

他走去捡猎物。

我也不能光看热闹。

我的狗已经跑进密林。那又怎么样呢，我有个规矩：如果我的猎狗在密林里走，我就走林间通道。

林间通道很宽阔，在鸟儿飞越它时可以从容地开枪。但愿能把它们往这儿撵。

鲍埃叫了起来，接着吉姆也叫了起来。我快步走上前去。

眼看着我赶到了狗的前面。它们在那儿倒腾什么？黑琴鸡，没错！它钻进了草堆里，在那里牵着狗的鼻子跑呢，我知道它的把戏。

特拉—塔—塔—塔—塔！还真是那么回事：只见黑琴鸡起飞脱了身，黑得像烧焦的黑炭。它直接沿着林间通道远飞而去。

我追着它连发了两枪。

它拐了个弯，在高高的林木后面消失了。

难道我又失算了？不可能：我似乎做得很妥当呀……

我吹了一声口哨召狗回来，便朝黑琴鸡消失的林子里走去。我自己在寻找，两条狗也在找，可哪儿也没有。

嗨，真懊丧！……真是个打不中枪的日子！而且没有可以怨的对象：枪是好枪，子弹是自己装的。

我得再试试，也许，在湖上能碰上运气。

我又走上了林间通道，沿着这条道走不多远，大约半公里，就到湖边了。心情坏透了。这时两条狗又不知去了哪儿，怎么叫也没有回应。

随它们去吧！我独自走。

鲍埃不知从哪儿冒了出来。

“你去哪儿了？你怎么想的：你以为自己是猎人，我呢只是你的帮手，就是个开开枪的？既然这样，那把枪给你，也许你自己会开枪！怎么？不会？那你趴下干吗，还把爪子向上伸？你想请求原谅！那得听话。一般说来西班牙狗傻里傻气。会伺伏的猎狗就不同了。”

要是野禽从拉达伺伏中飞出来，事情就简单了，我也就一次也不会落空了。野禽就跟被绳子拴住似的。你想想，要命中是多么容易！

不过前方在一根根树干后面已经隐隐约约现出了明晃晃的小湖。新的希望又充满了行猎人的心。

岸边是芦苇丛。鲍埃已经扑通一声跳入水中，一面泅水，一面晃动着高高的绿色芦苇。

嘎的一声响，马上从芦苇丛里飞起一只嘎嘎叫的鸭子。

我的枪声在小湖中央的上空追上了它。鸭子马上挂下了它的长脖子，在水里拍打起阵阵水花。它肚子朝天躺在水面上，两只红红的爪子在空中抽搐地划动。

鲍埃的脑袋正向它游去。眼看着猎狗张大了嘴巴，想一口咬住鸭子，但是那家伙突然钻到水下不见了。

鲍埃弄不懂了：鸭子去了哪儿啦？它在原地转来转去，可鸭子还是没露面。

突然狗头钻进水里不见了。怎么回事？它被什么扎住了？沉到水底了？怎么办？

鸭子露出了水面，慢慢地向岸边游去。它游的样子很怪：侧着身子，而头却在水下面。

原来是鲍埃带着它呢！鸭子后面同样见不到狗的脑袋。真了不起：它潜到了水下，从水下把鸭子捡了来！

“干得不错。”传来了塞索伊·塞索伊奇的声音。他不知不觉地从后面走了过来。

鲍埃已经游到一个草墩边，爬了上去，把鸭子放下，然后抖搂身上的水。

"鲍埃，怎么不害臊！马上捡起鸭子，拿到这儿来。"

多么不听话的东西！它对我的吆喝根本不当回事！

不知从哪儿冒出了吉姆。它游到了草墩边，气呼呼地对儿子叫了一声，叼起鸭子，带到了我身边。

它把身上的水抖搂后就奔进了灌木丛，真叫人惊喜！它从那里带回了被打死的黑琴鸡。

现在才明白这么长时间这老头去了哪儿了：它在林子里到处搜寻，可能它还追踪过被我打中的黑琴鸡，跟随我拖着它走了半公里。

我在塞索伊·塞索伊奇面前多么为它们骄傲啊！

忠诚的老猎狗！你诚实而尽心尽力地听从了我十一年。难道这是你跟随我出猎的最后一个夏天？要知道狗的寿命是很短的。我还能找到另一个这样的朋友吗？

在篝火边喝茶时，这些想法出现在我的脑海里。小个儿的塞索伊·塞索伊奇务实地把野味挂在桦树枝条上：两只年轻的黑琴鸡，两只沉甸甸的年轻松鸡。

三条猎狗坐在我的旁边，贪婪地用眼睛注视着我的所有动作：会掉下给它们吃的一小块吗？

当然会掉下来：它们三个都干得很出色。这三条狗都是好样的。

已是中午时分。天空显得高远，一派蔚蓝。头顶上方依稀传来山杨的树叶瑟瑟抖动的声音。

太惬意了！

塞索伊·塞索伊奇坐下来，悠闲地卷着烟卷儿。他陷入了沉思。

看来现在我还会听到他讲述自己狩猎生涯中又一次有趣的经历，那可太好了。

在整窝整窝的野禽长大的时候打猎，现在正当其时。为了猎取谨小慎微的鸟儿，猎人什么狡猾的诡计没有施过呀！不过如果他不事先了解野禽的生活和习性的话，诡计也未必有用。

## 助　手

一整窝黑琴鸡在林间空地上觅食。它们和森林的边缘靠得比较近，以便万一有什么情况可以飞进救命的森林。

它们在啄食浆果。

一只小黑琴鸡听见了草丛里窸窸窣窣的脚步声。它抬起头，看到草丛上方悬着一张可怕的兽脸。肥厚的嘴唇耷拉着，在瑟瑟抖动。贪婪的双眼紧盯着匍匐在地的小黑琴鸡。

小黑琴鸡缩成软绵绵的一团。双方眼睛盯着眼睛，等待着下一步会怎么样。只要野兽稍有动弹，小黑琴鸡那强劲的翅膀就会扑开，把身子抛向一边，飞上去——你到空中去抓它吧。

时间一秒秒地慢慢过去。野兽的嘴脸依然悬在缩成一团的小黑琴鸡上方。鸟儿不敢起飞。野兽也不敢动弹。

突然传来一声命令：

“向前去！”

野兽冲了过去。小黑琴鸡啪啪啪地飞了起来，箭一般向救命的森林里飞去。

林子里传来一声轰鸣，一闪火光，一阵烟雾。小黑琴鸡一个跟头坠向地面。

猎人捡起它，又派遣猎狗继续前进：

“悄悄地走！再去找，拉达，再去找……”

# 不诚实的游戏

一个猎人走在稠密的云杉林中，一条小道上。

“普尔，普尔尔尔，普尔尔尔！”

就在他脚边飞了出来——八只，十只——整整一窝花尾榛鸡。

他还来不及举枪，鸟儿已经各自飞进了稠密的云杉树的叶丛里。

最好不存努力的打算，也别想看清楚它们都在哪里停栖：就是看直了眼，你还是看不见。

猎人在紧靠小道的一棵云杉后面躲了起来。

他掏出一根小木笛，用气把它吹通了，坐到树墩上，扳上了扳机。接着把小木笛凑到嘴边。

游戏开场了。

年轻的榛鸡躲了起来，停得稳稳的。只要母亲不发来“可以出来”的信号，它们就会纹丝不动，连抖也不会抖一下。每一只鸟都

停在各自的树枝上。

"比—依—依克！比—依—依克！比克—特尔尔尔！比亚季，比亚季，比亚季捷捷列维！"①

这就是信号：可以出来……

"比—依—依克，特尔尔尔尔尔！……"

是母亲满怀信心的召唤：

"可以了，可以了，飞到这儿。"

一只小榛鸡静悄悄地从树上溜到了地面。它在听母亲的声音在哪里。

"比—依—依克，特尔尔尔尔，特尔尔尔，——在这儿呢，过来吧，过来吧！"

小榛鸡跑出来上了小道。

"比—依—依克—特尔尔尔！"

这就是母亲所在的地方：在一棵云杉后面，那儿有个树墩。

小榛鸡拼命在小道上奔跑，向着猎人直奔而来。

一声枪响，猎人又拿起了小木笛。

小木笛的哨音酷似母鸟轻细的呼唤：

"比克—比克—比克—特尔尔尔！比亚季，比亚季，比亚季捷捷列维！……"

于是又一只受骗上当的小榛鸡会乖乖地迎面奔向死亡。

— — — — — — — —

① 这是模拟鸟叫声，"比亚季捷捷列维"正好是俄语中"五只花尾榛鸡"的意思，这只是作者对声音的联想，就如中国古代诗歌中把杜鹃的啼声模拟为"不如归去"一样。

# 秋

# 森林报

# No. 7

## 候鸟辞乡月

（秋一月）

9月21日至10月20日　　太阳进入天秤星座

### 第七期目录

# 林间纪事

## 告别的歌声

白桦树上树叶已明显地稀疏起来。早已被窝主抛弃的椋鸟窝孤独地在光秃的枝干上摇晃。

怎么回事？突然有两只椋鸟飞了过来。雌鸟溜进了窝里，在窝里煞有介事地忙活着。雄鸟停在一根树枝上，停了一会，在四下里东张西望……接着唱起了歌。不过它轻轻地唱着，似乎是在自娱自乐。

终于它唱完了。雌鸟飞出了椋鸟窝，得赶紧回到自己的群体中去。雄鸟跟着它也飞走了。该离开了，该离开了，不是今天走，而是明天要踏上万里征途。

它们是来和夏天在此养育儿女的小屋告别的。

它们不会忘记这间小屋，到春季还会入住其间。

*摘自少年自然界研究者的日记*

## 晶莹清澈的黎明

9 月 15 日。一个晴朗和煦的秋日。和往常一样，我一大早就跑进花园去。

我出屋一望，天空高远深邃，清澈明净，空气中略带寒意，在树木、灌木丛和草丛之间挂满了亮晶晶的蜘蛛网。这些由极细的蛛丝织成的网上缀满了细细小小的玻璃状露珠。每一张网的中央蹲着一只蜘蛛。

有一只蜘蛛把自己银光闪闪的网张在了两棵小云杉树的枝叶之间。由于网上缀满了冰凉的露珠，它看上去仿佛是由水晶织成的，似乎你只要轻轻一碰，它就会叮叮当当响起来。那只蜘蛛自己则蜷缩成一个小球，屏息凝神，纹丝不动。还没有苍蝇在这里飞来飞去，所以它正在睡觉。或许它真的僵住了，冻得快死了？

我用小拇指小心翼翼地触了它一下。

蜘蛛毫无反抗，仿佛一颗没有生命的小石子，掉落到地上。但是在地面上，草丛下，我看到它立马跳起来站住了，跑着躲了起来。

善于伪装的小东西！

令人感兴趣的是：它会不会回到自己的网上去？它会找到这张网吗？或许它会着手重新织一张这样的网？要知道多少劳动白费了，它又得一前一后来回奔跑，把结头固定住，再织出一个个的圈。这里面有多少技巧！

一颗露珠在细细的草叶尖儿上瑟瑟颤动，犹如长长睫毛上的一滴眼泪，折射出一个个闪亮的光点。于是一种愉悦之情也在这光点中油然而生了。

最后的洋甘菊花在路边依然低垂着由花瓣组成的白色衣裙，正在等待太阳出来给它们取暖。

在微带寒意、清洁明净又似乎松脆易碎的空气里，万物是那么赏心悦目，盛装浓抹，充满节日气氛：无论是多彩的树叶，还是由于露珠和蛛网而银光闪闪的草丛，还有那蓝蓝的溪流，那样的蓝色在夏季是永远看不到的。我能发现的最难看的东西是：湿漉漉地粘在一起、一半已经破残的蒲公英花，毛茸茸、暗淡无光灰不溜丢的夜蛾子，它的小脑袋也许有点像鸟喙，茸毛剥落得光溜溜的，都能见到肉了。而在夏天蒲公英花是多么丰满，头上张着数以千计的小降落伞！夜蛾也是毛茸茸的，小脑袋既平整又干燥！

我怜悯它们，让夜蛾停在蒲公英花上，久久地把它们捧在掌心里，凑到已经升起在森林上空的太阳下。于是它们俩——冷冰冰、湿漉漉、奄奄一息的花朵和蛾子，稍稍恢复了一点生气：蒲公英头上粘在一起的灰色小伞晒干，变白，变轻，挺了起来；夜蛾的翅膀从内部燃起了生命之火，变得毛茸茸的，呈现出了蓝蓝的烟色。可怜、难看而残疾的小东西也变好看了。

森林附近的某一个地方，一只黑琴鸡开始压低了声音喃喃自语起来。

我向一丛灌木走去，想从树丛后面隐蔽地靠近它，看看它在秋季怎么轻声轻气地自言自语和啾啾啼叫的，因为我想起了春季里它们的表演。

我刚走到灌木丛前，这只黑不溜秋的东西马上就“呼尔”一声飞走了，几乎是从我脚底下飞出的，而且声音大得很，我甚至打了个战。

原来它就停在这儿，我的身边。而我却觉得那声音很远。

这时远方号角般的鹤唳声传到了我的耳边：它们人字形的鹤阵正飞经森林上空。

它们正远离我们而去……

*驻林地记者：维丽卡*

## 原路返回

每个白天，每个夜晚，都有飞行的旅客上路。它们从容不迫、不露声色，途中作长时间的停留，这和春季时不一样。看来它们并不愿意辞别故乡。

返程迁徙的次序是这样的：现在是光鲜多彩的鸟儿首先起飞，最后上路的是春季最早飞来的鸟儿——苍头燕雀、云雀、海鸥。许多鸟都是年轻的飞在前面。苍头燕雀雌鸟比雄鸟早飞。谁体力好，有忍耐性，谁耽搁的时间越长。

大部分候鸟直接飞往南方，到法国、意大利、西班牙、地中海、非洲。有一些飞往东方：经过乌拉尔、西伯利亚，到达印度，甚至美洲。数千公里的路程在它们的身下闪闪而过。

## 等待助手

乔木、灌木和草本植物都在急急忙忙地安置自己的后代。

枫树的枝条上挂着一对对翅果。它们已经彼此分离，只待风儿把它们摘下并拖走。

盼望着风儿的还有草本植物：大蓟，在它高高的茎秆上，从干燥的小兜里伸出一束束蓬勃的淡灰色丝状小毛；香蒲，它把茎伸到沼泽里其他野草上方，茎上长着裹在棕色外衣中的梢头；山柳菊，它那毛茸茸的小球在晴朗的日子只要有些许微风随时都可飘扬四方。

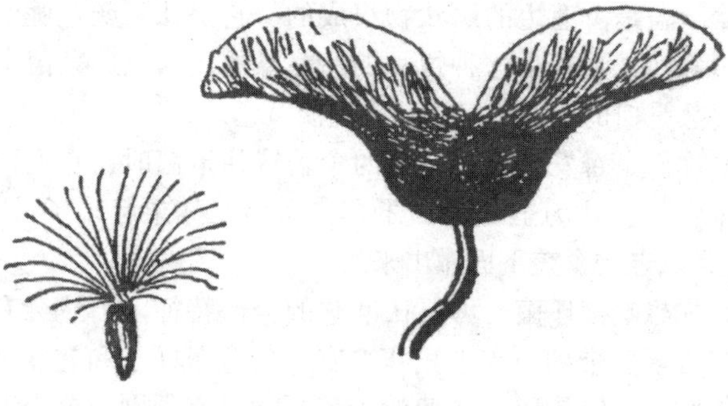

还有许多别的草本植物，它们的果实上附有或短或长，或单纯或羽状的小毛。

在收割一空的田野上，在道路和沟渠的两旁，下列植物盼望的已不是风儿，而是四脚或两脚的动物：牛蒡，它拥有带小钩的干枯篮状花序，里面塞满了有棱有角的种子；鬼针草，它有黑色的带三个角的果实，那些果实非常喜欢扎到袜子上；善于扎住东西的拉拉藤，它那圆形的小果实会牢牢地扎住或卷进衣服里，要摘下它只能连带拉下一小绺衣服上的绒毛。

*H. 帕甫洛娃*

# 最后的蘑菇

现在森林里是一副愁眉苦脸的样子，光秃秃一片，充满湿气，散发出腐叶的气息。有一样叫人高兴的东西：蜜环菌，看着它都觉得开心。它们一丛丛地长在树墩上，树干上，散布在地面上，仿佛一个个离群的个体独自在这里踯躅徘徊。

看着开心，采摘也愉快。不消几分钟就能采满一小篮。要知道你采的都是伞盖，而且是挑选过的。

小的蜜环菌很好看，它的伞盖还很紧地收着，就如婴孩的帽子，下面是白白的小围巾。以后它就松开，成为真正的伞盖，而小围巾则成了领子。

整个伞盖是由毛边的鳞状物组成的。它是什么颜色呢？这一点不容易说确切，不过是一种悦目的、静谧的浅褐色。嫩菌伞盖下面的菌褶仍然是白的，老了以后几乎呈淡黄色。

可是你们是否发现，当老菌的伞盖罩住嫩菌时，它上面仿佛撒满了粉末？你会认为上面长出了霉点。但是你想起来了："这是孢子！"这是从老的伞盖下面撒出来的。

如果你想吃蜜环菌，可要认准它的全部特征。仍然会有人经常把毒菌当蜜环菌带到集市上出售。有一些毒菌样子和它相似，而且也长在树墩上。但是所有毒菌的伞盖下面没有领圈，伞盖上没有鳞状物，伞盖颜色鲜艳，呈黄色或浅红色，菌褶呈黄色或绿色，孢子是深色的。

*H. 帕甫洛娃*

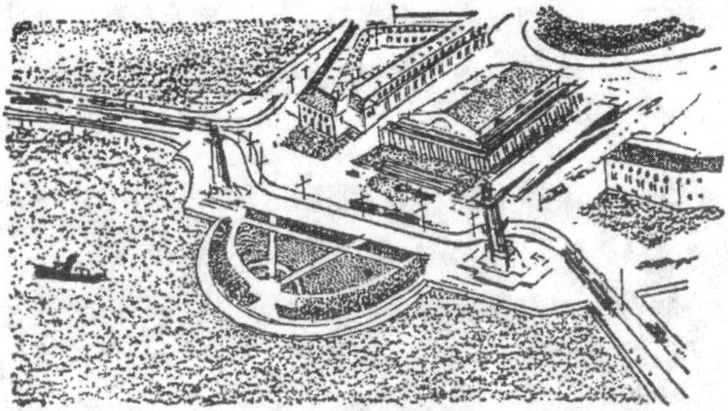

# 都市新闻

## 夜晚的惊吓

在城郊，几乎每天夜里都有使人惶恐不安的事发生。

人们一听到院子里的喧闹声就迅速起床，把头探到窗外。怎么回事，发生什么事了？

楼下院子里传来很响的禽鸟扑打翅膀的声音，鹅喷喷地叫着，鸭子也嘎嘎叫个不停。该不是黄鼠狼攻击它们了，还是狐狸钻进了院子？

可是在房子都是砖石砌成的城市里，安装着铸铁大门的房屋里，哪来狐狸和黄鼠狼呢？

主人仔细检查了院落、禽舍。一切正常。什么野兽也没有，也没有什么东西能通过坚固的锁和门闩。准是那些家禽做了噩梦。你看现在它们不是安静下来了吗？

人们躺回床上，又安心地入睡了。

但是一小时以后又响起了喷喷声和嘎嘎声。一片惊慌，一片恐惧。究竟是怎么回事？那里又出什么事了？

你打开窗，躲起来听着。在黑暗的天空，星星闪烁着金色的光点。四周万籁俱寂。

然而就在这时，似乎有一个捉摸不定的影子在高空滑过，依次遮蔽着天空金色的灯火。听得见时断时续轻轻的哨音。从高高的夜空里隐隐约约传来一种叫声。

家养的鸭和鹅顿时苏醒过来。这些禽类似乎早已忘却了自由，现在有一种朦胧的冲动使它们振翅鼓动起空气来。它们稍稍踮起脚掌，伸长了脖子，悲伤而忧郁地叫着，叫着。

它们自由的野生姊妹们在漆黑的高空用呼唤对它们作出应答。在砖石房屋的上空，在铁皮屋顶的上空，那些飞行中的旅行者正一群接一群地鱼贯而过。夜空传来的便是野鹅①和黑雁从喉部发出的彼此呼应声。

“啧！啧！走咯，走咯！离开寒冷，离开饥饿！走咯，走咯！”

候鸟嘹亮的叫声在远方消失了，但是在砖石房屋的院落深处，早已失去飞行习惯的家鹅和家鸭却乱了方寸。

## 仓　鼠

我们在挖土豆，突然在我们劳动的地方什么东西呜呜叫了起来。后来狗跑了过来，就在这块地旁边坐了下来，开始东闻西嗅，而这

① 野鹅，即大雁，有多个品种。俄罗斯家养的鹅，大部分是由灰雁驯养培育出来的，中国的家鹅则由鸿雁驯养培育而成。

小东西还在呜呜叫个不停。于是狗开始用爪子刨地。它一面刨一面不断地汪汪叫，因为那东西一直在对它呜呜叫。狗刨出了一个小土坑，这时勉强能见到这小东西的头部。接着狗刨出的坑很大了，便把小东西拖了出来，但是它把狗咬了一口。狗把它从自己身上抛了出去，拼命汪汪叫。这只小兽大小和一只小猫差不多，毛色灰中带黄、带黑、带白。我们这儿称它为黄鼠（仓鼠）。

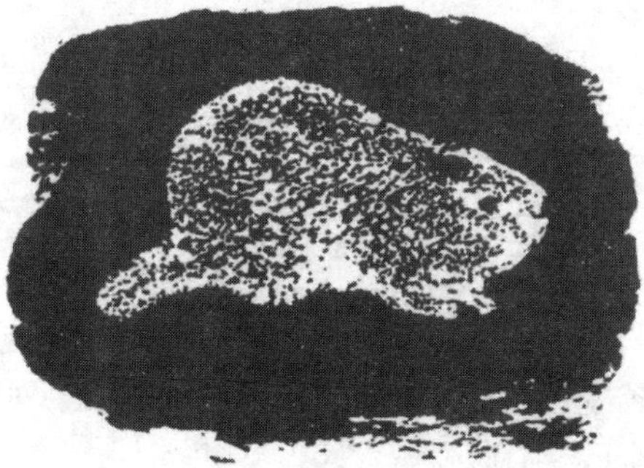

*驻林地记者：巴拉绍娃·马丽亚*

## 喜鹊

春天的时候，村里的几个小孩捣毁了一个喜鹊窝，我向他们买了一只小喜鹊。在一昼夜时间里，它很快就驯服了，第二天它已经直接从我手里吃食和饮水了。我们给它起了个名字：魔法师。它已听惯了这个称呼，一听到它就会回应。

长出翅膀后，它就喜欢飞到门上面停着。门对面的厨房里我们有一张带抽屉的桌子，抽屉里总放着一些吃的东西。往往只要你一拉开抽屉，喜鹊立马就从门上飞进抽屉，开始尽快地吃里面的东西。如果你要把它挪开，它就嘁嘁叫，不愿意离开。

我去取水时对它一声喊：

“魔法师，跟我走！”

它就停到我肩膀上，跟我走了。

我们准备喝茶了，喜鹊先来个喧宾夺主：啄一块糖，一块小面包，要不就把爪子直接伸进热牛奶里去。

不过最可笑的事常发生在我去菜园里给胡萝卜除草的时候。

魔法师就停在那里的菜垄上，看我怎么做。接着它也开始从地上拔东西，像我一样把拔出的东西放作一堆：它在帮我除草呢！

但是这位助手却良莠不分，它把什么都一起拔了，无论杂草还是胡萝卜。

*驻林地记者：维拉·米海耶娃*

## 躲藏起来

天气越来越冷了。

美好的夏季已经消逝……

血液在渐渐冷却，行动越来越软弱无力，昏昏欲睡的状态占了上风。

长着尾巴的北螈整个夏天都住在池塘里，一次也没有爬离过。现在它爬上了岸，在森林里到处游荡。它找到了一个腐烂的树墩，钻进了树皮里，在那里把身体蜷缩成一团。

青蛙则相反，从岸上跳进了池塘。它们潜到水底，更深地钻进了水藻和淤泥里。蛇、蜥蜴躲到靠近树根的地方，钻进温暖的苔藓里。鱼儿群集在水下深深的坑里。

蝴蝶、苍蝇、蚊子和甲虫钻进了小洞、树皮的小孔、墙缝和篱笆缝里。蚂蚁把自己有着成百门户的高高城堡的门以及所有出入口统统堵了起来。它们钻进了城堡的最深处，紧紧聚作一堆，就这么静止不动了。

它们面临着忍饥挨饿的日子。

对于热血动物——兽类和鸟类来说，寒冷并不那么可怕，因为只要有食物，吃一点下去，就像炉子生了火。而冷血动物就只能忍饥挨饿了。

蝴蝶、苍蝇、蚊子都躲藏起来了，所以蝙蝠就没有了聊以充饥的东西。它们藏身于树洞、岩洞、山崖的裂罅、屋顶下的阁楼间里。它们用后腿的爪子抓住随便什么东西，头朝下把身体倒挂起来。它们用翅膀像雨衣一样把身体盖住，就入睡了。

青蛙、癞蛤蟆、蜥蜴、蛇、蜗牛都隐藏起来了。刺猬躲进了树根下自己的草窝里。獾难得走出自己的洞穴。

# 农事纪程

田间的庄稼已收割一空。粮食获得了大丰收。农庄的庄员们和城里的市民们已经在品尝用新收的粮食制作的馅饼和白面包。

亚麻遍布于宽沟和山坡上的田野，被雨水淋湿了，被太阳晒干了，又被风吹松了。又到了把它收集起来运往打谷场的时候，该在那里把它揉压，再剥下麻皮。

孩子们开学已经一个月。现在没有了他们的帮忙，人们正把土豆从地里挖出来，把它运到站里，再将它埋入沙丘上干燥的土坑里贮藏起来。

菜地里也变得空空如也。最后从地里收起的是包得紧紧的圆白菜。

绿油油的秋播作物的田间呈现出一派生机。这是集体农庄庄员们用以接替已经收割的庄稼而为祖国的新一轮收获所做的准备，这将是一轮更为丰硕的收成。

田间的公鸡和母鸡——灰色的山鹑已经不再以家庭为单位待在秋播作物的地里，而是结成了更大的群体——每一群有一百多只鸟。

对山鹑的狩猎很快就到了尾声。

## 采集树种运动

9月里，很多乔木和灌木的种子与果实正在成熟。这时对于苗圃的播种和水渠与池塘的绿化来说，采集更多的树种尤其显得重要。

相当多的乔木和灌木种子的采集最好在它们完全成熟的前夕进行，或在它们成熟时，在很短的期限内立即进行。采集尖叶枫、橡树、西伯利亚落叶松的种子尤其不能迟缓。

人们在9月份开始采集苹果树、野梨树、西伯利亚苹果树、红接骨木、皂荚树、荚蒾、栗树（七叶树和板栗）、榛树（西洋榛子）、银柳胡颓子、醋柳、丁香、黑刺李和野蔷薇的种子，还有在克里米亚和高加索常见的山茱萸的种子。

# 狩猎纪事

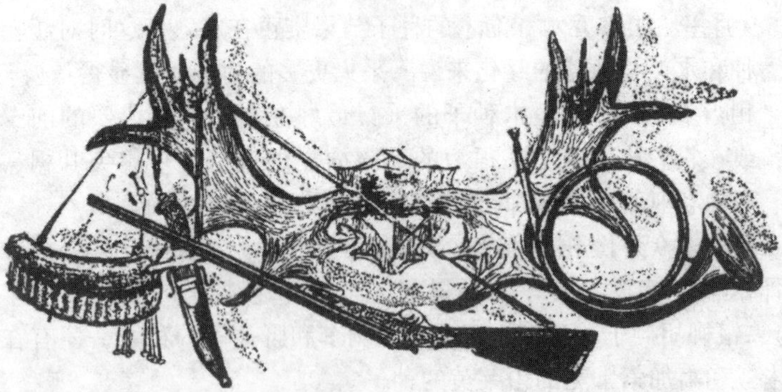

## 变傻的黑琴鸡

秋季里黑琴鸡大群大群地聚集起来。这里有羽毛丰满的公鸟，也有羽毛上有花点的棕红色母鸟，还有年轻的鸟。

一大群闹闹嚷嚷地降落到长浆果的地方。

鸟儿在田野里四下散开，有的揪食长得很牢的红色越橘，有的用爪子扒开草丛，吞食细石子和沙粒。细石子和沙粒能助消化，在嗉囊和胃里磨碎坚硬的食物。

干燥的落叶上传来了沙沙的急促的脚步声。

黑琴鸡都抬起了头，警觉起来。

是冲这儿跑来的！树丛间闪动着一条莱卡狗竖起尖耳朵的脑袋。

黑琴鸡们很不情愿地飞上了树枝。有一些躲进了草丛里。

猎狗在浆果地里到处奔跑，把所有的鸟一只不留地都惊得飞了起来。

接着它坐在一棵树下，选中一只鸟，用双眼盯着它，叫个不停。那只鸟也睁大眼睛看着猎狗。不久它在树上待腻了。它在树枝上走来走去，一直转动脑袋望着猎狗。

这是多么讨厌的一条狗！它干吗老坐着不走！它想着吃东西了……它得去赶自己的路哇，那样我也好再飞到下面去吃浆果呀……

突然枪声响了，于是被打死的黑琴鸡坠落到地上：在它被猎狗缠住时猎人偷偷地走近，猛然间用枪弹把它从树上撂了下来。群鸟啪啪地振翅飞到了森林上空，远离猎人而去。林间空地和小树林在它们下面闪动。在哪里降落好呢？这儿会不会也藏着猎人呢？

在一座白桦林的边缘，光秃的树梢上影影绰绰地停着黑琴鸡。一共有三只。这就是可以安全降落的地方：如果白桦林里有人，鸟儿不会那么安安稳稳地在那儿停栖。

群鸟越飞越低，眼看着唧唧喳喳地在树梢上各自停了下来。停在这儿的那三只公黑琴鸡连头也不向它们转一下——它们一动不动地停着，仿佛三个树桩。新飞来的那些黑琴鸡专注地端详着它们。公黑琴鸡就是公黑琴鸡：身上黑糊糊的，眉毛是红的，翅膀上有白颜色花斑，尾巴分叉，还有一双亮闪闪的黑眼睛。

那就毫无问题了。

砰！砰！……

怎么回事？哪来的枪声？为什么新来的鸟儿有两只从树上掉了下去？

林梢上空升起一团轻烟，很快就消散了。但是这里的三只黑琴鸡还是像刚才那样停着。群鸟望着它们，仍然停在树上。下面一个人也没有。干吗要飞走呢?!

群鸟把脑袋转来转去，四下里张望了一会，便宽下心来。

砰！砰！……

一只公黑琴鸡像土块一样坠落到地上。另一只飞到了林梢上方的高空，在空中向上一蹿，也落了下来。受惊的鸟群飞离了树枝，在受到致命伤的黑琴鸡从高空落到地面前就从视野里消失了。只有那三只公黑琴鸡，刚才那么停着，现在仍然纹丝不动地停在树梢上。

下面一间不显眼的小窝棚里走出一个手持猎枪的人，捡走了猎物。

白桦树梢上那只公黑琴鸡的一双黑眼睛若有所思地望着森林上空的某一方向。那只静止不动的公黑琴鸡的黑眼睛其实是两颗玻璃珠子。而静止不动的黑琴鸡原来是用碎呢料子做的。鸟喙倒是真正的黑琴鸡嘴，分叉的尾巴也是真正的羽毛所做。

猎人取下标本，下了树，又爬上树去取另两个标本。

在远处，饱受惊吓的鸟群在飞越森林上空时满腹狐疑地谛视着每一棵树，每一丛灌木：哪儿又会冒出新的危险呢？到哪儿去躲避诡计多端、狡猾透顶的带枪人呢？你永远无法事先知道他用什么方法对你使坏……

## 大雁是好奇的

大雁生性好奇，这一点猎人知道得最清楚。他还知道没有比大雁更有警惕性的鸟了。

在离岸整整一公里的浅沙滩上就栖息着一大群大雁。无论你走着，爬着，还是乘船，都甭想靠近它们。它们把脑袋搁到翅膀下面，缩起一条腿，安安静静地在睡觉。

它们没什么好担心的，因为它们有站岗放哨的。在雁群的每一边都站着一头老雁，它不睡觉也不打盹儿，而是警惕地注视着四方。不妨打它们一个猝不及防！

一条狗来到了岸上，放哨的雁马上伸长了脖子。它们在观察：它打算做什么？

猎狗在岸上跑来跑去，一会儿到这边，一会儿到那边。它在沙滩上捡着什么，对大雁毫不在意。

没什么好疑神疑鬼的。可那几只大雁心里好奇：它老是前前后后地转来转去干吗？应该再靠近些瞅瞅……

放哨的一只雁开始摇摇摆摆地向水里走去，然后就游了起来。水波的轻声拍打还惊醒了三四只大雁。它们也看见了猎狗，也向岸边游去。

凑近了它们才看明白：从一大块岩石后面飞出一个个小面包团，

有的飞向这边，有时飞向那边，都落在了沙滩上。狗儿摇着尾巴追逐着面包团。

打哪儿来的面包团？

在岩石后面的又是谁？

几只大雁越靠越近，直向着岸边贴近，把脖子伸得长长的，竭力想看得清楚些……从岩石后面跳将出来的猎人用准确的射击，使它们好奇的脑袋一下子栽进了水里。

## 开猎野兔

*（本报特派记者）*

### *猎人出发了*

和往常一样，报纸上公告 10 月 15 日开始对野兔的捕猎。

又像 8 月初那样，火车站挤满了一群群猎人。他们仍然带着狗，有些人甚至一条皮带上拴着两条或更多的狗。不过这已经不是猎人夏季出猎时带的狗：不是追踪野禽的猎狗。

这些狗高大健壮，长着挺拔的长腿、沉甸甸的脑袋和一张狼嘴，粗硬的皮毛什么样的颜色都有：有黑色的，有灰色的，有棕色的，也有黄色的，还有紫红色的；有黑花斑的，黄花斑的，紫红花斑的，还有黄色、棕色、紫色中带着一块黑毛的。

这是些善跑的猎犬，有公的，也有母的。它们的工作是根据足迹找到野兽，把它从栖身之地赶出来，然后一面吠叫着用声音不断地驱赶它，让猎人知道野兽往哪儿走，绕怎么样的圈儿，然后站在野兽经过的路上，好给它迎面一枪。

在城市里养这么大型而性格暴躁的狗是很难做到的。许多人出门干脆就不带狗。我们的猎队也一样。

我们乘火车去找塞索伊·塞索伊奇一起围猎野兔。

我们一共十二个人，所以占据了车厢内的三个分格。所有的乘客都带着惊疑的表情看着我们的一个伙伴，笑眯眯地彼此窃窃私语。

确实有值得注意的理由：我们的伙伴是个大个子。他太胖了，有些门甚至走也走不过去。他体重150公斤。

他不是猎人，但医生嘱咐他多散步。他是射击的一把好手，在靶场里他的射击成绩超过我们每个人。于是为了培养对散步的兴趣，他就跟着我们来打猎了。

## 围　猎

傍晚塞索伊·塞索伊奇在一个林区小车站接我们。我们在他家里宿夜，天刚亮就出发去打猎了。我们闹闹嚷嚷的一大群人一起走：塞索伊·塞索伊奇约了二十个农庄庄员来呐喊驱兽。

我们在林边停了下来。我把写有号码搓成卷儿的一张张小纸片放进帽子里。我们十二个射手，每个人依次来抓阄，谁抓着几号就是几号。

呐喊的人离开我们去往森林的那一边。塞索伊·塞索伊奇开始按号码把我们分布在宽广的林间通道上。

我抓到的阄是六号，胖子抓到了七号。塞索伊·塞索伊奇向我指点了我站立的位置后就向新手交代围猎的规则：不能顺着射击路线的方向开枪，那样会打中相邻的射手；呐喊声接近时要中止射击；狍子不可打，因为是禁猎对象；等待信号。

胖子号码所在的位置离我大约六十步。猎兔和猎熊不一样：现在就是把射手间的距离设在一百五十步也可以。现在塞索伊·塞索伊奇在射击路线上毫无顾忌地大声说话，他教训胖子的那些话我都能听见：

“您干吗往树丛里钻？这样开枪不方便。您要站在树丛边，就是这儿。兔子是在低处看的。您那两条腿——请原谅——就像您的胖身体。您要把它们分得开些，道理很简单，兔子会把它们当成树墩儿。”

分布好射手后，塞索伊·塞索伊奇跳上马，到森林的那一边去布置呐喊的人。

离行动开始还要等好久，我就四下里观察起来。

在我前方大约四十步的地方，像墙壁一样耸立着落尽树叶的赤杨、山杨，树叶半落的白桦和黑油油、枝繁叶茂的云杉混杂在一起。也许从那里的树林深处，不久会有一只兔子穿过挺拔交错的树干组成的树阵，向我正面冲来，如果很走运的话，正好有一只森林巨鸟——雄松鸡会大驾光临。我会不会错失良机呢？

时光的流逝慢得像蜗牛爬行。胖子的自我感觉怎么样？

他把身体重心在两条腿上来回转移，大概他想把分开的双腿，站得使它们更像两个树墩……

突然，在寂静的森林后边响起了两声清晰洪亮而悠长的猎人号角：那是塞索伊·塞索伊奇在指挥呐喊的人排列的阵线朝我们这儿向前推进；他正在发信号。

胖子把两条胳膊整个儿抬了起来；双筒猎枪在他手里就如一根细细的拐杖。接着他就僵滞不动了。

怪人！还早得很呢，他就摆起了姿势，手臂会疲劳的。

还听不见呐喊人的声音。

但是这时已经有人开枪了。枪声来自右方，沿着排列的阵线传来，后来从左方又传来两声枪响。已经开始打枪了！可我这儿还什么动静也没有。

这时胖子的双筒枪连发了两枪，砰砰！这是对着黑琴鸡打的。它们在很高的地方飞了过去，开枪也是白搭。

已经能听到呐喊人不太响的呼喊，用木棒敲击树干的声音。从两侧传来哐啷哐啷的声音……但是仍然没有任何动物向我飞来，也没有任何动物向我跑来！

到底来了！一个带点灰色的白东西在树干后面闪动——是一只还没有褪尽颜色的雪兔。

这是属于我的！哎呀，见鬼，它拐弯了！冲着胖子跳了过去……嗨，还磨蹭什么？打枪呀，打呀！

砰！

落空了！……

雪兔一个劲儿地直冲他跑去。

砰！

从兔子身上飞下一块白色的东西。丧魂落魄的兔子冲到了胖子两条腿的树墩之间。胖子的腿一下子移了过去……

难道他要用腿去抓兔子？

雪兔滑了过去，巨人整个巨大的身躯平扑到了地上。

我笑得合不拢嘴，眼泪都笑出来了。透过泪水，我一下子见到了两只从林子里出来跳到我前方的雪兔，但是我无法开枪。兔子沿着射击路线的方向溜进了森林。

胖子缓缓地跪着抬起身子，站了起来。他向我伸出大手，拿着一团毛茸茸的白色东西给我看。

我对他大声说：

“您没摔坏吧？”

“没事。毕竟还是拽下了一个尾巴，从兔子身上！”

怪人！

枪声停止了。呐喊的人走出了森林，大家向胖子的方向走去。

“他站起来了吧，大叔？”

“站是站起来了，你看看他的肚子！”

“想着都叫你惊奇，这么胖！看样子他把周围所有的野味都塞进自己衣服里了，所以才这么胖。”

可怜的射手！以后城里谁还会相信这个射手呢，在我们的靶场里？

不过塞索伊·塞索伊奇已经在催促我们到新的地点——田野去围猎了。

## 大围猎

现在有一些农庄庄员加入了我们猎人的队伍，他们来时都带着枪，但到现在为止都未曾使用过。现在我们有二十个射手了。在田野中央的小山冈上，有一个瞭望台。夏季的时候护林员从这上面瞭望，是否有哪一处森林着火。

塞索伊·塞索伊奇把我们组成一个分布在田野四周的巨大包围圈，范围达三四公里。他自己也站在我们的包围链上。

在收完庄稼的田野上，有时在灌木丛下，有时在岩石下，隐藏着灰兔。它们允许猎人走到自己身边，因为灰色的皮毛和土地混为一色，——最好躺着别动，总比跳起来用行动一下子把注意力吸引到自己身上强。

这时在我面前从低处跳出一只灰兔。我开了一枪，但没打中。兔子直接从我身边逃走了。但是那边也有猎人。它左冲右突，到处遇到射来的枪弹：它被猎人围住了，进入了包围圈。它无处可逃，总有人的枪子儿挡着它的去路，它头着地翻了一两个跟头就倒下死了。

在这一带，田野里灰兔相当多。我们大家几乎都已经有猎物在手了。只有胖子两手空空：他落在了包围链的后面，着急得很，就是打不中。

包围圈越缩越小，瞭望台离我们每个人已不超过一百步了。

两只灰兔在圈内乱窜……

但是塞索伊·塞索伊奇的号角使枪声立马停了下来。

在猎人们的喊声和笑声中，两只灰兔顺顺当当地从人中间溜了过去，麻利地跑进了森林。

我们这一群闹闹嚷嚷的人沿着林间道路踏上归程。我们后面走着一辆马拉的大车，上面装着两次围猎所获的猎物，胖子也在车上。他累了，需要歇息了。

猎人们毫不留情地奚落他，不停地对他冷嘲热讽。

突然在森林上空，从道路拐角的后面出现了一只黑色大鸟，个头抵得上两只黑琴鸡。它直接沿着道路飞过我们头顶。

大家都从肩头卸下了猎枪，森林里响起了惊天动地的激烈枪声：每个人都急于用匆促的射击打下这罕见的猎物。

黑鸟还在飞。它已飞到大车的上空。

胖子也举起了枪。双筒枪在他的双臂上犹如一根拐杖。

他开了枪。

这时大家看到：大黑鸟在空中令人难以置信地收拢了翅膀，飞行猛然中止，像一块木头一样从高空坠到路上。

“嘿，有两下子！”猎人中有人发出了惊叹，“看来他是把打枪的好手。”

我们这些猎人都很尴尬，没有吭声：因为大家都开了枪，谁都看见了……

胖子捡起了雄松鸡①——森林中长胡子的老公鸡，它的重量超过兔子。他拿着的猎物是我们中间每个人都乐意用今天自己所有的猎物来换的。

对胖子的嘲笑结束了。大家甚至忘记了他用双腿抓兔子的情景。

---

① 松鸡，属于松鸡科，体长可达110厘米；属于松鸡科的鸟类有18种，山鹑、榛鸡和琴鸡都在其中，松鸡科的鸟体长从30厘米至110厘米不等，如琴鸡的长度一般在53厘米至57厘米。故本文作者说大黑鸟个头抵得上两只黑琴鸡。

# 天南海北

## 无线电通报

**请注意！请注意！**

列宁格勒广播电台，这里是《森林报》编辑部。

今天是9月22日，秋分，我们继续播送来自我国各地的无线电通讯。

我们向冻土带和原始森林，沙漠和高山，草原和海洋呼叫。

请告诉我们，现在，正当清秋时节，你们那里正在发生什么事？

——————————

**请收听！请收听！**

## 亚马尔半岛冻土带广播电台

我们这儿所有活动都结束了。山崖上夏季还是熙熙攘攘的鸟类集市，如今再也听不到大呼小叫和尖声啾唧。那一伙鸣声悠扬的小鸟已经从我们这儿飞走。大雁、野鸭、海鸥和乌鸦也飞走了。这里一片寂静。只是偶尔传来可怕的骨头碰撞的声音：这是公鹿在用角打斗。

清晨的严寒还在8月份的时候就已经开始了。现在所有水面都已封冻。捕鱼的帆船和机动船早已驶离。轮船还留在这里，沉重的破冰船在坚硬的冰原上艰难地为它们开辟前进的航道。

白昼越来越短。夜晚显得漫长、黑暗和寒冷。空中飘着雪花。

## 乌拉尔原始森林广播电台

一批批来客我们迎来了，送走了，又迎来了，又送走了。我们迎来了会唱歌的鸣禽。野鸭、大雁，它们从北方，从冻土带飞来我们这里。它们飞经我们这里，逗留的时间不长：今天有一群停下来休息、觅食，明天你一看，它们已经不在了，夜间它们已经不慌不忙地上路，继续前进了。

我们正在替我们这儿度夏的鸟类送行。我们这儿的候鸟大部分都已出发，跟随正在离去的太阳走上遥远的秋季旅程——去往温暖之乡过冬。

风儿从白桦、山杨、花楸树上刮落发黄、发红的树叶。落叶松呈现出一片金黄，柔软的针叶失去了绿油油的光泽。每天傍晚原始森林中笨重的美髯公松鸡便飞上落叶松的枝头，黑魆魆的一只只停在柔软的金黄色针叶丛里，将采食的针叶填满自己的嗉囊。花尾榛鸡在黑暗的云杉叶丛间婉转啼鸣。出现了许多红肚皮的雄灰雀和灰色的雌灰雀、马林果色的松雀、红脑袋的白腰朱顶雀、角百灵。这些鸟也是从北方飞来的，不过不再继续南飞了：它们在这儿过得挺舒坦的。

田野上变得空空荡荡。在晴朗的日子，在依稀感觉得到的微风的吹拂下，我们的头顶上方飘扬着一根根纤细的蛛丝。到处都还有三色堇在开着花，在卫矛灌木的树丛上像一盏盏中国灯笼似的挂着美丽殷红的果实。

我们正在结束挖土豆的工作，在菜地里收起最后一茬蔬菜——大白菜。我们把大白菜贮进地窖准备过冬。在原始森林里我们采集雪松的松子。

小兽们也不甘心落在我们后面。生活在地里的小松鼠——长着一根细尾巴、背部有五道鲜明的黑色斑纹的花鼠，往自己安在树桩下的洞穴里搬进许多雪松松子，从菜园里偷取许多葵花子，把自己的仓库囤得满满当当。红棕色的松鼠把蘑菇放在树枝上晾干，身上换上了浅蓝色毛皮。长尾林鼠、短尾田鼠、水鼾都用形形色色的谷粒囤满自己的地下粮库。身上有花斑的林中星鸦也把坚果拖来藏进树洞里或树根下，好在艰难的日子里糊口。

熊为自己物色了做洞穴的地方，用爪子在云杉树上剥下内皮，作为自己的卧具。

所有动物都在做越冬准备，大家都在过着日常的劳动生活。

## 沙漠广播电台

我们这儿和春天一样，还是一派节日景象，生活过得热火朝天。

难熬的酷暑已经消退，下了几场雨，空气清新透明，远方景物清晰可见。草儿重新披上了翠色，为逃避致命的夏季烈日而躲藏起来的动物又现了身。

甲虫、苍蝇、蜘蛛从土里爬了出来。爪子纤细的黄鼠爬出了深邃的洞穴，跳鼠仿佛小巧的袋鼠，拖着很长很长的尾巴跳跃着前进。从夏眠中苏醒的草原红沙蛇又在捕食跳鼠了。出现了不知从哪儿来的猫头鹰、草原狐——沙狐和沙猫。健步如飞的羚羊也跑来了这里，有体态匀称、黑尾巴的鹅喉羚，鼻梁凸起的高鼻羚。飞来了各种鸟儿。

又像春季一样，沙漠不再是沙漠，上面充满了绿色植物和勃勃生机。

我们仍在继续征服沙漠的斗争。数百数千公顷土地将被防护林带覆盖。森林将保护耕地免遭沙漠热风的侵袭，并将流沙制伏。

# 世界屋脊广播电台

我们帕米尔的山岭是如此高峻，所以有世界屋脊之称。这里有高达7000米以上的山峰，直耸云霄。

在我国常有一下子既是夏季又是冬季的地方。夏季在山下，冬季在山上。

可现在秋季到了。冬季开始从山顶、从云端下移，逼迫自己面前的生灵也自上而下转移。

最先从位于难以攀登的寒冷峭壁上的栖息地向下转移的是野山羊；它们在那里再也啃不到任何食物了，因为所有植物都被埋到了雪下，冻死了。

野绵羊也开始从自己的牧场向山下转移。

肥胖的旱獭也从高山草甸上消失了，可是夏天它们在这里是那么多。它们退到了地下：它们储存了越冬的食物，已吃得体壮膘厚，钻进了洞穴，用草把洞口堵得严严实实。

鹿、狍子沿山坡下到了更低的地方。野猪在胡桃树、黄连木和野杏树的林子里觅食。

山下的谷地里，幽深的峡谷里，突然间冒出了夏季在这里永远见不到的各种鸟类：角百灵、烟灰色的高山黄鹀、红尾鸲、神秘的蓝色鸟儿——高山鸫鸟。

如今一群群飞鸟从遥远的北国飞来这里，来到温暖之乡，有各种丰富食物的地方。

我们这儿山下现在经常下雨。随着每一场连绵秋雨的降临，可以看出冬季正在越来越往下地向我们走来：山上已经大雪纷飞了。

田间正在采摘棉花；果园里正在采摘各种水果，包括葡萄；山坡上正在收采胡桃。

一道道山口已盖满了难以通行的深厚积雪。

## 乌克兰草原广播电台

在匀整、平坦、被太阳晒得干枯的草原上，蹦蹦跳跳地飞速滚动着生气勃勃的一个个圆球。它们这就飞到了你眼前，将你团团围住，砸到了你的双脚，但是一点儿也不痛，因为它们很轻。其实这些根本不是球，而是一种圆球形的草，是一根根向四面八方伸展的枯茎组成的球形物。就这样它们蹦跳着飞速地经过所有的土墩和岩石，落到了小山的后面。

这是风儿从根部刮走的一丛丛风滚草的毛毛，推着它们像轮子一样不断地向前滚，驱赶着它们在整个草原游荡，它们也一路撒下自己的种子。

眼看着燥热风在草原上的游荡不久也将停止。人们旨在保护土地而种植的防护林带已经巍然挺立。它们拯救了我们的庄稼免遭旱灾。引自伏尔加—顿河列宁运河①的一条条灌溉渠已经修筑竣工。

现在我们这儿正当狩猎的最好季节。形形色色在沼泽地和水上生活的野禽多得像乌云一样，有土生土长的，也有路经这里的，挤满了草原湖泊的芦苇荡，而在小山沟和未经刈割的草地里密密麻麻地聚集着一群小小的肥壮母鸡——鹌鹑。草原上还有多少兔子——尽是硕大的棕红色灰兔（我们这儿没有雪兔），还有多少狐狸和狼！只要你愿意，就端起猎枪打，只要你愿意，就把猎狗放出去！

---

① 俄罗斯境内连接伏尔加河（在伏尔加格勒附近）和顿河（在卡拉奇附近）的通航运河，长101公里，水深不少于3.5米，1952年起通航。

城里的集市上有堆得像山一样的西瓜、甜瓜、苹果、梨子、李子。

**请收听！请收听！**

## 大洋广播电台

现在我们正在北冰洋的冰原之间航行，经过亚洲和美洲之间的海峡进入太平洋，或者，最好还是说驶入大洋。现在在白令海峡，然后是鄂霍茨克海，我们开始经常遇见鲸。

世上竟有如此令人惊讶不已的野兽！你只消想一想：多大的身躯，多大的体重，多大的力量！

我们见到了被拖上一艘巨大的捕鲸船甲板的一头鲸——一头长须鲸。它身长 21 米：得把六头大象彼此首尾相接排成一行才抵得上！它的嘴里容得下连桨手在内的整条小船。

它的一颗心脏重达 148 公斤，重量抵得上任何两个成年大叔。它的总重量是 55000 公斤，也就是 55 吨。

如果要称这么大的重量而把这头野兽放上天平一头的秤盘，那么另一头的秤盘上就只能爬上一千个人——男人、女人和儿童都上去，也许这样还不够。要知道这头鲸还不是最大的：蓝色的鳁鲸一般长达 33 米，重量超过 100 吨……

它的力量非常大，曾有一头被渔镖捕获的鲸拖着扎住它的捕鲸船一连游了几昼夜，更糟糕的是它钻到了水下，捕鲸船也跟着被强行拖走。

这是以前发生的事了……不过现在是另一码事了。我们难以相信横卧在我们面前的这巨型怪物——拥有如此可怕的力量、小山似的一个有生命的肉体，几乎在瞬间就被我们的捕鲸手杀死了。

在不太久以前，捕鲸还是用渔船上抛出的短矛——渔镖来完成

的。它是由站在船头的水手用手抛向野兽的。后来开始从轮船上发射装有渔镖的大炮来捕鲸。这样的渔镖也惊扰了这头鲸，不过置它于死地的不是铁器，而是电流：渔镖上拴着两根连接船上直流发电机的导线。在渔镖像针一样扎进动物巨大躯体的瞬间，两根导线连通，发生了短路，于是强大的电流击中了鲸鱼。

巨兽一阵颤抖，两分钟之后便一命呜呼了。

我们在白令岛旁边发现了黄貂鱼，在梅德内岛附近发现了和自己的孩子戏耍的海獭——大型的海生水獭。这些提供非常珍贵毛皮的野兽几乎被日本和沙皇时代的贪婪之徒捕尽杀绝，而在苏维埃政权下受到了法律极为严格的保护，如今在我们这儿数量已迅速增加。

在堪察加半岛的海边，我们见到个头与海象相当的巨大北海狮。

但是自从看过鲸以后，所有这些动物在我们眼里就显得微不足道了。

现在已是秋季，鲸正离开我们游向热带温暖的水域。它们将在那里产下自己的幼崽。明年母鲸将带着自己的幼鲸回到我们这里，回到我国太平洋和北冰洋的水域，它们吃奶的幼鲸个头比两头奶牛还大。

我们对它们碰也不会去碰一下。

————————

来自全国各地的无线电通报到此结束。我们的下一次，也是最后一次通报在 12 月 22 日。

# 森 林 报

**No. 8** 仓满粮足月

（秋二月）

10月21日至11月20日 太阳进入天蝎星座

第八期目录

# 准备越冬

严寒还没那么凶，可是马虎不得：一旦它降临天下，土地和河水刹那间就会结冰封冻。到那时你上哪儿弄吃的去？你到哪儿去藏身？

在森林里每一种动物都有自己准备越冬的办法。

有的到了一定时候张开翅膀远走高飞，避开了饥饿和寒冷。有的留在原地，抓紧时间充实自己的粮仓，储备日后的食物。

尤其卖力地搬运食物的是短尾巴的田鼠。许多田鼠直接在禾垛

里和粮垛下面挖掘自己越冬的洞穴，每天夜里从那里偷窃谷物。

通向洞穴的通道有五六条，每一条通道有自己的入口。地下有一个卧室，还有几个粮仓。

冬季只有在最寒冷的时候田鼠才开始冬眠。所以它们要储备大量的粮食。在有些洞穴里已经贮存了四五公斤的上等谷物。

小的啮齿动物在粮田里大肆偷窃。应当防止它们偷盗快到手的粮食。

## 越冬的小草

树木和多年生草本植物都做好了越冬准备。一些一年生的草本植物已经撒下了自己的种子。但是并非所有一年生草本植物都是以种子形式越冬的。有些已经发芽。相当多的一年生杂草在重新锄松的菜地里已经发了芽。在光秃的黑土上看得见叶边有缺口的荠菜叶丛，还有样子像荨麻的紫红色野芝麻毛茸茸的小叶子、细小而有香味的洋甘菊、三色堇、遏蓝菜，当然还有讨厌的繁缕。

所有这些小植物都做好了越冬的准备，在积雪下面生活到来年秋季之前。

*H. 帕甫洛娃*

## 哪种植物及时做了什么

一棵枝叶扶疏的椴树像一个浅棕红色的斑点，在雪地里十分显眼。棕红的颜色并非来自它的树叶，而是附着在果实上的翅状叶舌。椴树的所有大小枝头都挂满了这种翅状果实。

不过这样装点起来的并非只是椴树这一种植物。就说高大的树木山杨吧，在它上头挂了多少干燥的果实呵！细细长长、密密麻麻的一串串果实挂在枝头，犹如一串串豆荚。

但是最美丽的恐怕要数花楸了：它上面到现在还保留着一串串

沉甸甸的鲜艳的浆果。在小檗这种灌木上面依然能看见它的浆果。

卫矛的灌木上仍然点缀着迷人的果实。它和有着黄色花蕊的玫瑰色花朵看起来一模一样。

现在还有多少种树木还没有来得及在冬季之前安排好自己的后代呵。

就连白桦树的枝头也还看得见它那干燥的柔荑花序，其中隐藏着翅状果实。

赤杨的黑色球果尚未落尽。但是白桦和赤杨却及时为春季的来临做好了准备——挂上了柔荑花序。但等春天来临，那些花序就伸展起来，推开鳞状小片，绽放出花朵。

榛树也有柔荑花序，粗粗的，灰褐色，每一根枝条上有两对。榛树上早就找不到榛子了。它什么都及时做好了：不仅和自己的子女告了别，还为迎接春天做好了准备。

*H. 帕甫洛娃*

## 松鼠的干燥场

松鼠从自己筑在树上的多个圆形窝里拨出一个用作仓库。它在那里存放林子里的坚果和球果。

此外松鼠还采蘑菇——牛肝菌和鳞皮牛肝菌。它把它们插在松树的细断枝上晾干。冬季它就在树枝上游荡，用干燥的蘑菇充饥。

## 本身就是一座粮仓

许多野兽并不为自己修筑任何专门的粮仓。它们本身就是一座粮仓。

在秋天里它就是不停地大嚼饱餐，吃得身胖体粗，肥得不能再肥，于是一切营养都在这里了。

脂肪就是储存的食物。它形成厚厚的一层沉积于皮下，当动物没有食物时就渗透到血液里，犹如食物被肠壁吸收一样。血液则把营养带到全身。这么做的有熊、獾、蝙蝠和其他在整个冬季沉沉酣睡的所有大小兽类。它们把肚子塞得满满了，就去睡觉了。

而且它们的脂肪还能保暖：不让寒气透过。

# 林间纪事

## 小偷偷小偷

论狡猾和偷盗，森林里的长耳猫头鹰算得上是把好手，但是又出了个小偷，而且还牵着它的鼻子跑。

长耳猫头鹰的样子像雕鸮，但是个头要小。它的嘴是钩形的，头上的羽毛向上竖着，眼球突出。无论夜间有多黑，这双眼睛什么都看得见，耳朵什么都听得见。

老鼠在干燥的叶丛里窸窣一响，猫头鹰就出现在旁边了。嚓！于是老鼠升到了空中。似乎是一只兔子一闪间穿过了林间空地，黑夜里的盗匪已经来到它头顶。嚓！于是兔子就在利爪中挣扎了。

猫头鹰把猎获的一只只老鼠搬回自己的树洞里。它自己既不吃，也不让给别的猫头鹰吃：它要珍藏起来应付艰难的时日。

白天它待在树洞里守着贮备的食物，夜间就飞出去捕猎。它自己偶尔也回来一趟，看看东西是不是都在。

忽然猫头鹰开始觉察：似乎它的贮备变少了。洞主眼睛很尖：它没学过数数，却凭眼睛提防着。

黑夜降临了，猫头鹰感到饥肠辘辘，便飞出去捕猎。

等它回来，一只老鼠也没有了！它发现树洞底部有一只身长和家鼠相仿的灰色小动物在蠕动。

它想用爪子抓它，可那家伙嗖的一下从小孔里钻了下去，已经在地上飞也似的跑走了。它的牙齿间叼着一只小老鼠。

猫头鹰跟着追过去，眼看要追上了，而且已经看清楚谁是小偷，但是它害怕了，便没有去要回来。小偷原来是一只凶猛的小兽——伶鼬。

伶鼬以劫掠为生，尽管是只个头很小的小兽，却极其勇猛灵巧，甚至敢和猫头鹰叫板。它用牙齿扎住对方胸脯，无论如何也不松口。

## 胸脯红色的小鸟

夏天有一次我在林子里走，听到稠密的草丛里有东西在跑。起先我打了个哆嗦，接着开始仔细地四下里张望。我发现一只小鸟搅进了草丛里。它个头不大，本身是灰色的，胸脯是红色的。我捧起这只小鸟，就把它往家里带。我得到这只鸟太高兴了，连脚踩在哪儿都感觉不到了。

在家里我给喂了点儿东西，它吃了点儿，显得高兴起来。我给它做了个笼子，捉来小虫子喂它。整个秋季它都住在我家。

有一次我出去玩儿，没关好笼子，我的猫就把我的小鸟儿吃了。

我非常喜欢这只小鸟。我为此还哭了鼻子，但是没有办法。

*驻林地记者：格·奥斯塔宁*

## 我的小鸭

我妈妈把三个鸭蛋放到了母火鸡的肚子底下。

三个星期后孵出了一群小火鸡和三只小鸭。在它们都还不结实的时候，我们把它们放在暖和的地方。但是就有那么一天，我们把母火鸡和幼崽第一次放到了户外。

我们家房子旁边有一条水渠。小鸭马上一拐一拐地跳进水渠游了起来。母火鸡跑了起来，慌里慌张地乱作一团，大声叫着："噢！噢！"它看到小鸭安安稳稳泅着水，对它睬也不睬，于是放了心，便和自己的小鸡走了。

小鸭游了一会，不久就冻得受不了了，便从水里爬了出来，一面叽叽叫着，一面瑟瑟抖着，可是没有取暖的地方。

我把它们捧在手里，盖上头巾，带回了房间。它们立马放心了，就这样在我身边住了下来。

一天清早，我们把它们放到户外，它们立刻下了水。等感到冷了，就跑回家来。它们还不会飞上门口的台阶，因为翅膀还没有长出来，所以就叽叽叫着。有人把它们放上台阶，于是三只一齐直接向我的床边奔来，排成一行站着，伸长了脖子又叫了起来。而我正睡着呢。妈妈捧起它们，它们就钻进我的被子里，也睡着了。

快到秋天的时候，它们长大了些，可我却被送进了城——上学去了。我的小鸭久久地思念着我，叫个不停。得知这个情况，我掉了不少眼泪。

*驻林地记者：维拉·米谢耶娃*

# 农事纪程

拖拉机不再嗒嗒作响。各个农庄亚麻的选种已经完成。运送亚麻的最后一批大车队正向火车站驶去。

现在农庄庄员们考虑的是来年的收成。考虑采用专业育种站为国内各农庄培育的黑麦和小麦新良种。大田作业已经不多，更多的是在家的工作。庄员们一门心思对付院子里的牲畜。

得把农庄的牛羊群赶进畜栏，马匹赶进马厩。

田间变得空空荡荡。一群群灰色的山鹑更近地向人的居住地麇集。它们在谷仓边过夜，甚至飞进了村里。

对山鹑的狩猎活动已经结束。有猎枪的庄员现在开始为打兔子而奔忙了。

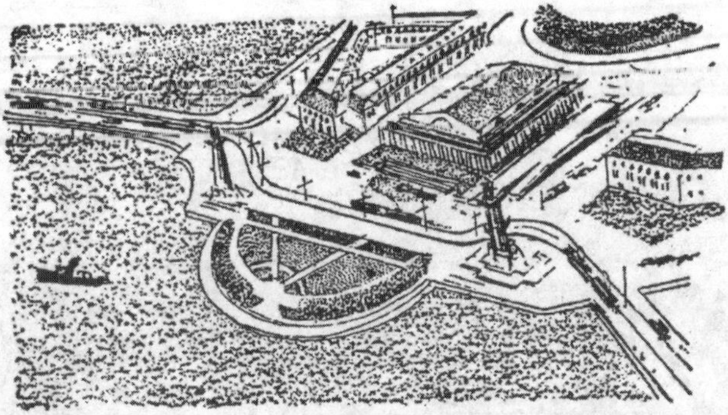

# 都市新闻

## 没有螺旋桨

这些天城市上空飞翔着一此奇怪的小飞机。

行人在街道中央停住了脚步，惊疑地仰首注视着小小的一圈圈空中的飞行队伍。他们彼此询问说：

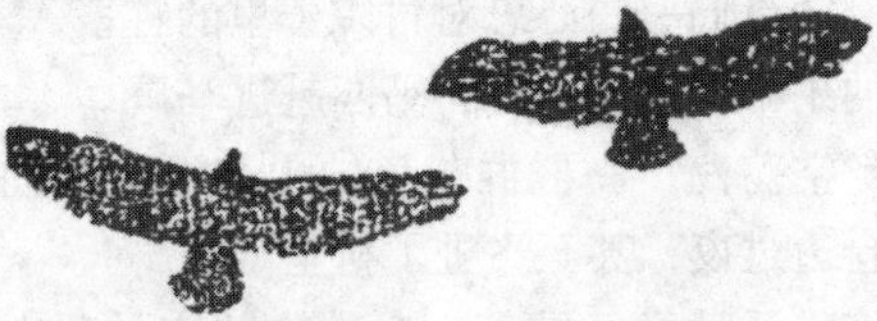

“您看见了吗？……”

“看见了，看见了。”

“真奇怪，怎么听不见螺旋桨的声音？”

“也许是因为太高？您看它们是那么小。”

“就是往下降了也听不见。”

“为什么？”

“因为没有螺旋桨。”

“怎么会没有呢？这算什么呢，新型设计吗？”

“是鹰！”

“您开玩笑！列宁格勒哪来的什么鹰！”

“那就是金雕。它们现在是飞经这里，正向南方去呢。”

“原来是这样！现在我自己也看见了，一些鸟儿在打转；要不是您说，我真的以为是飞机呢。太像了！它们哪怕把翅膀扇那么一下也……”

## 鳗鱼踏上最后的旅程

大地已是一片秋色。秋色也来到了水下。

水正在一点点变冷。

老鳗鱼离开这里踏上最后的旅程。

它们从涅瓦河经过芬兰湾，经过波罗的海和德国海，进入深深的大西洋。

它们没有一条再回到度过了一生的河里。它们都将在几千米的大洋深处找到自己的坟墓。

然而在死去之前它们把卵产下了。在大洋深处并不像想象的那么寒冷：那里的温度是 7 摄氏度。每一颗卵都在那里孵化成了细小、像玻璃一样透明的小鳗鱼——鳗苗。亿万群鳗苗走上了遥远的征途。三年以后它们进入了涅瓦河口。

它们在这里成长，变成了鳗鱼。

# 狩猎纪事

## 带猎狗走在黑色的土路上

在秋季一个清新的早晨，一个猎人肩上扛着枪走在田野上。他用一根短短的皮带牵着彼此靠得很紧的两条追逐犬，两条胸脯宽阔、有棕红色斑点的黑色公狗。

他走到了一座林子边上。他从系着的皮带上放出猎狗，把它们“抛”向了那座孤林。两条猎狗沿着一丛丛灌木冲了出去。

猎人在林边静悄悄地走着，选择着自己在兽径上站立的位置。

他在对着一丛灌木的一个树桩后面站住了，那里一条不易觉察的小道从林子里延伸出来，朝下通向一条小山沟。

他还没来得及站定，两条狗已经遇到了野兽的踪迹。

那条老公狗多贝瓦依先叫了起来：它的吠叫一声紧接着一声，并不响亮。

年轻的扎里瓦依跟着它一阵狂吠，也叫了起来。

根据声音猎人听出：它们惊醒并赶起了兔子。它们现在正低头嗅着足迹，沿着黑色土路，沿着因雨水而变得泥泞、发黑的土地穷追不舍。

追赶声时近时远：兔子在绕着圈儿走。

现在声音又近起来了，正朝这儿赶呢。

唉，好粗心大意的家伙！你看这就是它呀，你看那只灰兔棕红色的皮毛在小山沟里闪动呢！

一眨眼猎人让它溜了过去！……

现在又是猎狗追赶的声音：跑在前面的是多贝瓦依，扎里瓦依伸出舌头跟在后面。它们在小山沟里跟在兔子后面奔着。

不过没关系，它们又拐进林子去了。多贝瓦依是条很有韧性的猎狗，它会盯着踪迹不放，不会跟丢，不会让猎物逃走，是条善于追踪的好狗。

现在又走了，又走了一圈，又进了林子。

“反正兔子要栽在这条它经常出没的路上，”猎人想道，“这回我不会放过它了！”

一阵静默……然后……怎么回事？

为什么声音分散了？

现在领头的狗完全不叫了。

只有扎里瓦依在叫。

一阵静默……

又传来了领头的多贝瓦依的叫声，但已经是另一种叫法，更加激烈，声音嘶哑。扎里瓦依憋住了气接着它叫了起来，重复地发出尖厉的声音。

它们碰到了另一种足迹了！

是什么足迹呢？反正不是兔子的。

不错，是红……

猎人迅速更换了弹药：装进了最大号的霰弹。

兔子蹦跳着在小道上迅跑，跑到了田野上。

猎人看见了，却没有举枪。

而狗的追捕声则更近了，叫声嘶哑，发出了凶狠、懊丧的尖叫……突然在兽径上，在灌木丛间刚才兔子跑过的地方——火红的背脊和白色的胸脯……直冲着猎人滚来。

猎人端起了枪。

野兽发现了，毛茸茸的尾巴一闪拐向了一边，接着又拐向了另一边。

晚了！

砰！只见火红的颜色在空中一闪，中弹而亡的狐狸在地上张开了四肢。

猎狗从林子里跑了出来，向着狐狸奔去。它们用牙齿咬住了红色的皮毛，抖动着它，眼看着要将它撕碎了！

“放下！”猎人威严地向它们吆喝着跑过去，赶紧从狗嘴里夺下珍贵的猎物。

## 地下格斗

*（本报特派记者）*

离我们农庄不远的森林里有一个有名的獾洞，这是一个百年老洞。所谓“獾洞”不过是口头叫叫而已，其实它甚至不能称为洞，而是被许多代獾纵横交错地挖空的整座小丘。这是獾的整个地下交通网。

塞索伊·塞索伊奇指给我看了这个“洞”。我仔细察看了这座小丘，数出它有六十三个进出口。而且在灌木丛里，小丘下还有一些看不见的出口。

一看便知，在这个广袤的地下藏身之所居住的并非仅仅是獾，因为在有些入口旁边密密麻麻地爬满了葬甲虫、粪金龟子、食尸虫。它们在堆积于此的母鸡、黑琴鸡、花尾榛鸡的骨头上和长长的兔子脊梁骨上操劳忙碌。獾不做这样的事，也不捕食母鸡和兔子。它有洁癖：自己吃剩的残渣或别的脏东西从来不丢弃在洞里或洞边。

兔子、野禽和母鸡的骨头泄露了狐狸家族在这地下和獾比邻而居的秘密。

有些洞被挖开了，成为名副其实的壕堑。

“都是我们的猎人做的好事，”塞索伊·塞索伊奇解说道，“不过他们是枉费心机：狐狸和獾的幼崽已经在地下溜走。在这里是无论如何也挖不到它的。”

他沉默了一会儿后又补充说：

“现在让我们试试用烟把洞里的主儿从这儿熏出来！”

第二天早上，我们三个人来到小丘边：塞索伊·塞索伊奇、我，还有一个小伙儿。塞索伊·塞索伊奇一路上和他开玩笑，一会儿叫他“烧锅炉的”，一会儿又叫他“司炉”。

我们三个人忙活了好久，除了小丘下面的一个和上面的两个，所有通地下的口子都堵住了。我们拖来许多枯枝、苔藓和云杉枝条，堆到下面的一个洞口。

我和塞索伊·塞索伊奇各自在小丘上面的一个出口边，灌木丛后面站定。“烧锅炉的”在入口边烧起一个火堆。待火烧旺，他就往上面加云杉枝条。呛人的浓烟升了起来。不久烟就引向了洞里，就像进入了烟囱似的。

当烟从上面的出口冒出来时，我们两个射手守在自己埋伏的地方感到焦躁不安。说不定机灵的狐狸先跳出来，或者肥胖而笨拙的獾先冒出来？说不定它们在地下已经被烟熏得眼睛痛了？

但是躲在洞穴里的野兽是很有耐心的。

我眼看着树丛后面塞索伊·塞索伊奇身边升起了一小股烟。我身边也开始冒烟。

现在已经不必等多久了：马上会有一头野兽一面打着喷嚏和响鼻，蹿将出来；更确切地说是蹿出几头野兽，一头接着一头。猎枪已经抵在肩头：千万别漏过了机灵的狐狸。

烟越来越浓，已经一团团地滚滚涌出，在树丛间扩散。我也被熏得眼睛生痛，泪水直淌，——如果野兽被你漏过，那么正好是在你眨眼睛抹眼泪的时候。

但是仍然不见野兽出现。

举枪抵住肩头的双手已经疲乏。我放下了枪。

等啊等，小伙儿还在一个劲儿地往火堆里扔枯枝和云杉枝条。但是最终仍然不见有一头野兽蹿出来。

“你以为它们都闷死啦？”回来的路上塞索伊·塞索伊奇说，

“不——是，老弟，它们才不会闷死呢！烟在洞里可是往上升的，它们却钻到了更深的地方。谁知道它们在那里挖得有多深。”

这次失手使小个儿的大胡子情绪十分低落。为了安慰他我便说起了达克斯狗和硬毛的狐狗，那是两种很凶的狗，会钻洞去抓獾和狐狸。塞索伊·塞索伊奇突然兴奋起来：你去弄一条这样的狗来，不管你想怎么弄，得去弄来。

我只好答应去弄弄看。

这以后不久我去了列宁格勒，在那里我突然走了运：一位我熟悉的猎人把自己心爱的一条达克斯狗借给我用一段时间。

当我回到乡下，把狗带给塞索伊·塞索伊奇看时，他甚至大为光火：

“你怎么，想拿我开涮？这么一只老鼠样的东西不要说公狐狸，就是狐狸崽子也会把它咬死再吐掉。”

塞索伊·塞索伊奇本人个子非常矮小，为此常觉得委屈，所以对别的小个子，即便是狗，都不以为然。

达克斯狗的样子确实可笑：小个儿，矮矮长长的身子，弯曲得像脱了臼的四条腿。但是这条其貌不扬的小狗露出坚固的犬牙，冲着无意间向它伸出手去的塞索伊·塞索伊奇凶狠地吠叫起来，意外地用力向他扑去的时候，塞索伊·塞索伊奇急忙跳开，只说了一句话：“瞧你！好凶的家伙！”说完就不响了。

我们刚走近小丘，小狗儿就怒不可遏地向洞口冲去，险些把我的手拉脱了臼。我刚把它从皮带上放下，它已经钻进黑糊糊的洞穴不见了。

人类按自己的要求培育出了十分奇特的狗的品种，而达克斯狗这种小巧的地下猎犬也许是最奇特的品种之一。它的整个身躯狭窄得像貂一样，没有比它更适合在洞穴中爬行了。弯曲的爪子能很好地抓挖泥土，牢牢地稳住身体；狭而长的三角形脑袋便于抓住猎物，能一口咬它致命。站在洞口等待受过良好训练的家犬和林中野兽在黑暗的地下血腥厮打的结果，我仍然觉得有点心里发毛。要是小狗儿进了洞回不来，那怎么办？到时我有何脸面去见失去爱犬的主人？

追捕行动正在地下进行。尽管厚厚的土层会使声音变轻，响亮的狗吠声依然传到了我们耳边。听起来追捕的叫声来自远处，不在我们脚下。

然而耳听得狗叫声变近了，听起来更清楚了。那声音因狂怒而显得嘶哑。声音更近了……突然又变远了。

我和塞索伊·塞索伊奇站在小丘上面，双手紧握起不了作用的猎枪，握得手指都痛了。狗吠声有时从一个洞里传来，有时从另一个洞里传来，有时从第三个洞里传来。

突然间声音中断了。

我知道这意味着什么：小小的猎犬在黑暗通道内的某个地方追着了野兽，和它厮打在一起了。

这时我才突然想起，在放狗进洞前我该考虑到的一件事：猎人如果用这种方式打猎，通常在出发时要带上铲子，只要敌对双方在地下一开打，就得赶快在它们上方挖土，以便在达克斯狗处境不好时能助它一臂之力。当战斗在靠近地表的地下某一个地方进行时，这个方法就可以用上了。不过在这个连烟也不可能把野兽熏出来的深洞里，就甭想对猎犬有所帮助了。

我干了什么好事呀！达克斯肯定会在那深洞里送命。也许它在那里不得不进行的厮打中，要对付的甚至不是一头野兽。

忽然又传来了低沉的狗吠声。

但是我还来不及得意，它又不叫了，这回可彻底完了。

我和塞索伊·塞索伊奇久久伫立在英勇猎犬无声的坟丘上。

我不敢离开。塞索伊·塞索伊奇首先开了腔：

“老弟，我和你干了件蠢事。看来猎狗遇上了一头老的公狐狸或者老的雅兹符克。”

我们那儿管獾叫“雅兹符克”。

塞索伊·塞索伊奇迟疑了一下又说道：

“怎么样，走？要不再等上一会儿？“

地下传来了出乎意料的沙沙声。

于是洞口露出了尖尖的黑尾巴，接着是弯曲的后腿和达克斯狗艰难地移动着的整个细长的身躯，身上满是泥污和血迹！我高兴得向它猛扑过去，抓住它的身体，开始把它往外拉。

随着狗从黑洞里露出的是一头肥胖的老獾。它丝毫不能动弹。达克斯狗死命地咬住它的后颈，凶狠地摇撼着。它还久久不愿放松自己的死敌，似乎在担心它死而复生。

# 森林报

No. 9　　冬季客至月

（秋三月）

11 月 21 日至 12 月 20 日　　太阳进入人马星座

第九期目录

# 会活动的鲜花

## 会飞的花朵

赤杨黑魆魆的枝条显得多么孤苦无靠！上面没有一片树叶，地上也没有绿油油的野草。疲惫不堪的太阳无力地透过灰色的云层俯瞰着下界。

蓦然间在黑魆魆的枝头迎着阳光欢乐地绽放出了鲜艳的花朵。这些花朵大得异乎寻常，有白的、红的、绿的、金的。它们撒满了赤杨树黑色的枝头，如鲜艳夺目的斑点缀满了白桦树白色的树皮，纷坠到地面，宛如明亮的翅膀在空中飘摇。

犹如木笛的乐音在交相呼应。从地面传递到枝叶丛间，从树木传递到树木，从一座林子传递到另一座林子。是谁的歌喉？它们又来自何方？

## 客自北方来

这是我们冬季的来客——来自遥远北方的小小的鸣禽。这里有小小的红胸红头的白腰朱顶雀；有烟蓝色的凤头太平鸟，它的翅膀上长着五根像手指一样的红色羽毛；有深红色的蜂虎鸟，有交嘴鸟——母鸟是绿的，公鸟是红的。这里还有金绿色的黄雀，黄羽毛的红额金翅雀，身体肥胖、胸脯鲜红丰满的红腹灰雀。我们这儿的黄雀、红额金翅雀和红腹灰雀已经飞往较为温暖的南方。而这些鸟却是在北方筑巢安家的。现在那里是如此寒冷的冰雪世界。在它们看来我们这里已是温暖之乡了。

黄雀和白腰朱顶雀开始以赤杨和白桦的种子为食。凤头太平鸟、红腹灰雀则以花楸和其他树木的浆果为食。红喙的交嘴鸟啄食松树和云杉的球果。所以大家都吃得饱饱的。

## 客自东方来

低低的柳丛上突然开满了茂盛的白色玫瑰花。白色玫瑰花在树丛间飞来飞去，在枝头转来转去，带着有抓力的黑色爪子的细长脚爪爬遍了各处。像花瓣似的白色翼翅在熠熠闪动，轻盈悦耳的歌喉在空中啼啭。

这是云雀和白色的青山雀。

它们并不来自北方，它们经过乌拉尔山区，从东方，暴风雪肆虐、严寒彻骨的西伯利亚辗转来到我们这里。那里早已是寒冬腊月，厚厚的积雪盖满了低矮的杞柳。

# 林间纪事

## 追逐松鼠的貂

许多松鼠游荡到了我们的森林里。

在它们曾经生活过的北方，松果不够它们吃的，因为那里歉收。

它们散居在松树上，用后爪抱住树枝，前爪捧着松果啃食。

有一只松鼠前爪捧着的松果跌落了，掉到地上，陷进了雪中。松鼠开始惋惜失去的松果。它气急败坏地吱吱叫了起来，便从一根树枝蹿到另一根树枝，一节节地往下跳。

它在地上一蹦一跳，一蹦一跳，后腿一蹬，前腿支住，就这样蹦跳着前进。

它一看，在一堆枯枝上有着一个毛茸茸的深色身躯，还有一双锐利的眼睛。松鼠把松果忘到了九霄云外。嗖的一下纵上了最先碰见的一棵树。这时一只貂从枯枝堆里蹿了出来，而且紧随着松鼠追去。它迅速爬上了树干。松鼠已经到了树枝的尽头。

貂沿树枝爬去，松鼠纵身一跳！它已跳上了另一棵树。

貂把自己整个细长的身子缩成一团，背部弯成了弓形，也纵身一跳。

松鼠沿着树干迅跑。貂沿着树干在后面穷追不舍。松鼠很灵巧，貂更灵巧。

松鼠跑到了树顶，没有再高的地方可跑了，而且旁边没有别的树。

貂正在步步进逼……

松鼠从一根树枝向另一根树枝往下跳。貂在它后面紧紧追。

松鼠在树枝的最末端蹦跳，貂在树干边较粗的枝干上跑。跳呀，跳呀，跳呀，跳！已经跳到了最后一根树枝上。

向下是地面，向上是貂。

它别无选择：只能跳到地上，再跳上别的树。

但是在地上松鼠可不是貂的对手。貂只跳了三下就将它追上，叫它乱了方寸，于是松鼠一命呜呼了……

## 兔子的花招

夜里一只灰兔闯进了果园。凌晨时它已啃坏了两棵年轻的苹果树，因为年轻苹果树的树皮是很甜的。雪花落到它的头上，它却毫不在乎，依然不停地一面啃一面嚼。

村里的公鸡已经叫了一遍，两遍，三遍。响起了一声狗吠。

这时兔子忽然想到：趁人们还没有起床，得跑回森林去。四周是白茫茫的一片，它那棕红色皮毛从远处看去一目了然。它该羡慕雪兔了：现在那家伙浑身一片白。

夜间新降的雪既温暖又易留下脚印。兔子一面跑一面在雪地里盖下脚印。长长的后腿留下的脚印是拉长的，一头大一头小；短短的前腿留下的是一个个圆点。所以在温暖的积雪上每一个脚印，每一处爪痕都清晰可见。

灰兔经过田野，跑过森林，身后留下了长长的一串脚印。现在灰兔真想跑到灌木丛边，在饱餐之后睡上一两个小时。可糟糕的是它留下了足迹。

灰兔耍起了花招：它开始搅乱自己的足迹。

村里人已经醒来。主人走进果园——我的天哪！——两棵最好的苹果树被啃坏了。他往雪地里一瞧，什么都明白了：树下留有兔子的脚印。他伸出拳头威胁说：你等着！你损坏的东西要用自己的皮毛来还。

主人回到农舍，给猎枪装上弹药，就带着它在雪地里走了。

就在这儿兔子跳过了篱笆，这儿就是它在田野上跑的足迹。在森林里脚印开始沿着一丛丛灌木绕圈儿。这也救不了你：我们会把圈套解了。

这儿就是第一个圈套：兔子绕着灌木丛转了一圈，把自己的足迹切断了。

这儿就是第二个圈套。

主人顺着后脚的脚印追踪着它。两个圈套都被他解开了。手中的猎枪随时可发。

慢着，这是怎么回事？足迹到此中断了，四周地面上干干净净，了无痕迹。如果兔子跳了过去，应该看得出来。

主人向脚印俯下身去。嘿嘿！又来了新的花招：兔子向后转了个身，踩着自己的脚印往回走了。爪子踩在原来的脚印里，你一下子识别不出脚印被踩了两遍，这是双重足迹。

主人就循迹往回走。走着走着他又到了田野里。那就是说刚才看走了眼，也就是说那里它还耍了什么花招。

他回去又顺着双重足迹走。啊哈，原来是这样：双重足迹不久就到了头，接下去又是单程的脚印。这就意味着你得在这儿寻找它跳往旁边的痕迹。

好了，这不就是嘛：兔子纵身一跃越过了灌木丛，于是就跳到了一旁。又是一串均匀的脚印。又中断了。又是越过灌木丛的新的双重足迹，接着就是一跳一跳地向前跑。

现在得分外留神……还有一处向旁边的跳跃。在这儿，兔子就

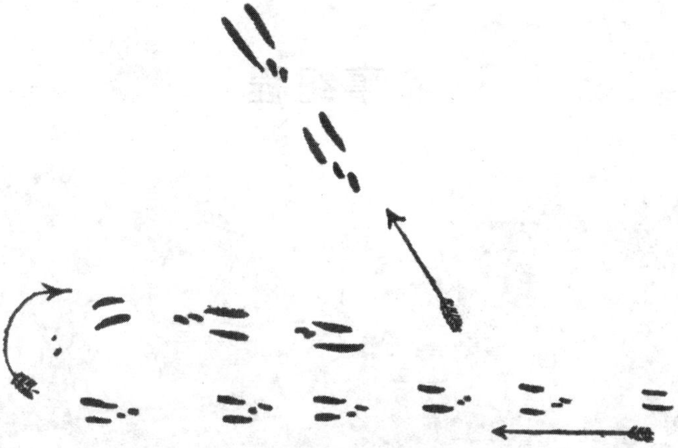

躺在哪一丛灌木下。你耍花招吧，骗不了我！

兔子确实就躺在附近。只是并未躺在猎人认为的灌木丛下面，而是在一大堆枯枝下面。

它在睡梦中听到了沙沙的脚步声。走近了，更近了……

兔子抬起了头——有人在枯枝堆上行走。黑色的枪管垂向地面。

兔子悄悄地爬出了洞穴，猛的一下蹿到了枯枝堆的外面。白色的短尾巴在灌木丛间一闪而过——能看见的就这一下子。

主人一无所获地回到了家里。

# 农事纪程

我们的集体农庄庄员们在今年进行了出色的劳动。每公顷收获1500公斤在我们州的许多农庄是很普通的事。收获2000公斤也并不稀罕。而斯达汉诺夫①小队创造出的高产，使得先进生产者有权荣膺“社会主义劳动英雄”的光荣称号。

国家因光荣的劳动者在田间的忘我劳动而向他们表示敬意。她用“社会主义劳动英雄”的光荣称号、勋章和奖章表彰集体农庄庄员的成绩。

眼看着冬季将临。

各农庄的大田作业已经结束。

① 斯达汉诺夫（1905/06—1977），苏联时期顿巴斯的一名矿工，1935年因用风镐采煤创纪录而闻名，从此被树为更好地利用技术设备而提高劳动生产率的先进典型，他本人也得到“社会主义劳动英雄”的荣誉称号和“最高苏维埃代表”等政治待遇。在苏联国内的各生产领域也因此掀起了为提高劳动生产率、创造高额生产纪录而以他命名的群众性“斯达汉诺夫运动”。

妇女们正在奶牛场劳作，男人们正在喂养牲口。有猎狗的人离开村子捕猎松鼠去了。许多人去采运木材了。

一群灰色的山鹑簇拥着越来越向农舍靠近。

孩子们跑向学校。白天放置捕鸟器，乘滑雪板和雪橇从山上滑雪下来。晚上准备功课和阅读。

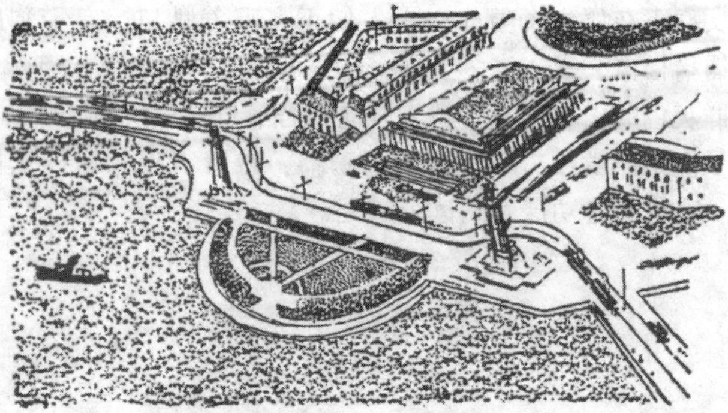

# 都市新闻

## 侦察员

城市花园和公墓里的灌木与乔木需要保护。它们遇到了人类难以对付的敌害。这些敌害是那么狡猾、微小和不易察觉，连园林工人都发现不了。这时就需要专门的侦察员了。

这些侦察员的队伍，可以在我们的公墓里和大花园里它们工作的时候见到。

它们的首领是穿着花衣服、帽子上有红帽圈的啄木鸟。它的喙就像长矛一样。它用喙啄穿树皮。它断断续续地大声发号施令：基克！基克！

接着，各种各样的山雀就闻声飞来：有戴着尖顶帽的凤头山雀，有褐头山雀，它的样子像一枚帽头很粗的钉子；有黑不溜秋的煤山雀。这支队伍里还有穿棕色外套的旋木雀，它的嘴像把小锥子，以及穿蓝色制服的鳾，它的胸脯是白色的，嘴尖尖的，像把小匕首。

啄木鸟发出了命令：基克！鳾重复它的命令：特甫奇！山雀们做出了回应：采克，采克，采克！于是整支队伍开始行动。

侦察员们迅速占领各棵树的树干和树枝。啄木鸟啄穿树皮，用

似针一般尖锐而坚固的舌头从中捉出小蠹虫。鳾则头朝下围着树干打转，把它细细的小匕首伸进树皮上的每一个小孔，它会在那里发现某一个昆虫或它的幼虫。旋木雀自下而上沿树干奔跑，用自己的歪锥子挑出这些虫子。一大群开开心心的山雀在枝头辗转飞翔。它们察看每一个小孔，每一条小缝，于是任何一条小小的害虫都逃不过它们敏锐的眼睛和灵巧的嘴巴。

# 狩猎纪事

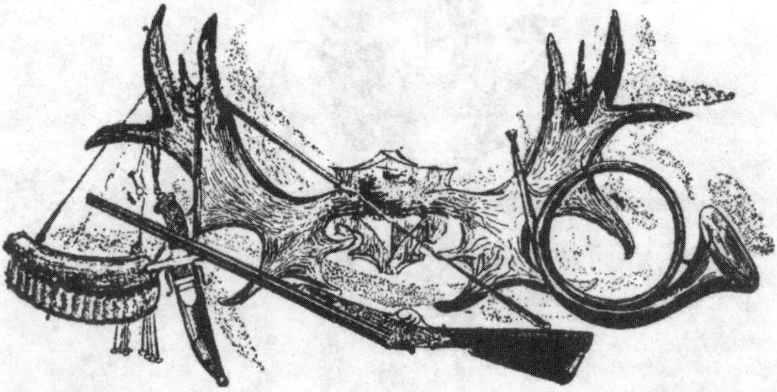

秋季开始捕猎皮毛有实用价值的小兽。快到 11 月的时候它们的皮毛已清理干净，换上新毛：夏季轻薄的皮毛换成了暖和稠密的冬装。

## 捕猎松鼠

小小的松鼠有什么了不起？

在我们苏联的狩猎业里，它比其余所有野兽都重要。只装松鼠尾巴的大货包在全国每年的销售量达数千包。人们用蓬松的松鼠尾巴制作帽子、衣领、护耳和其他保暖用品。

松鼠毛皮和尾巴是分开销售的。松鼠毛皮用来做大衣、毛皮短披肩。人们制作漂亮的浅灰色女式大衣，重量很轻又很暖和。

一旦降下第一场雪，猎人们就出发去捕猎松鼠。在松鼠多又易于捕获的地方，连老人甚至 12 岁至 14 岁的男孩也加入了捕猎松鼠的行列。

猎人们结成不大的合作猎队，或单独行动，在森林里一住就是整整几个星期。从早到晚乘着短而宽的滑雪板在雪地里徜徉，用猎枪射击松鼠，放置捕兽器，静候观察。

他们在土窑或很低的小窝棚里过夜，在那些窝棚里连身体都无法站直，这就是他们被白雪覆盖的越冬住所。他们做饭的地方是样子像壁炉的直烟道小灶。

猎人捕猎松鼠的首选伙伴是莱卡狗。没有它，猎人就像失去了眼睛。

莱卡狗完全是一种特殊的犬种，属于我们的北地犬，在冬季原始森林里的狩猎活动中，世界上没有任何其他一种猎犬可以和它匹敌。

莱卡狗为您寻找白鼬、黄鼬、水獭、水貂的洞穴，替您把这些小兽咬死。夏天莱卡狗帮您从芦苇荡里赶出野鸭，从密林里赶出公黑琴鸡；它不怕水，即使冰冷的水，当河面结起冰凌时它还下水去叼回打死的野鸭。秋季和冬季，莱卡狗帮主人捕猎松鸡、黑琴鸡，这两种鸟在这个时节面对伺伏的猎狗沉不住气：莱卡狗坐在树下，不时发出汪汪的叫声，以此吸引它们的注意力。

带上莱卡狗，您在黑土路和积雪的土路上能找到驼鹿和熊。

如果您遭遇可怕野兽的攻击，忠实的朋友莱卡狗不会出卖您，它会从后面咬住野兽，让主人赢得重新装弹的时间，把野兽打死，或者它自己牺牲。但是最叫人惊讶的莫过于莱卡狗会帮猎人找到松鼠、貂、黑貂、猞猁，这些都是在树上生活的野兽。任何一条别的狗都找不到树上的松鼠。

在冬季或晚秋时节，您在云杉林、松林、混合林里行走。这里静悄悄的。任何地方都没有任何东西有轻微的运动，也没有闪动和轻微的叫声。似乎周围是空无一物的荒漠，连一只小兽也没有。一片死寂。

然而您带上莱卡狗就走进了这座林子。您在这儿不会寂寞无聊。莱卡狗会在树根下找出白鼬，把雪兔从睡梦中惊起，顺便吃上一只林中的老鼠，不管不露痕迹的松鼠在稠密的针叶丛里躲藏得多深，它都能发现。

确实，如果空中的小兽不偶然下到地面，莱卡狗怎么能找到松鼠呢？要知道狗既不会飞，也不会上树呀！

无论猎人用于追踪野禽的追踪犬，还是寻找兽迹的撵山犬，都需要有灵敏的嗅觉。鼻子是追踪犬和撵山犬主要和基本的工作器官。这些品种的狗视力可以很差，耳朵完全失聪，却仍然能出色地工作。

而莱卡狗却一下子具备了三个工作器官：细腻的嗅觉、敏锐的视力和灵敏的听力。莱卡狗能一下子把这三个器官都调动起来。与其说这三者是器官，不如说是莱卡狗的三个仆从。

只要松鼠的爪子在树枝上抓一下，莱卡狗竖起的那双时刻警惕的耳朵就已经对主人悄悄说："野兽在这儿。"松鼠的爪子在针叶丛中稍稍一晃，眼睛就告诉莱卡狗："松鼠在这儿。"风儿把松鼠身上的一股气息吹送到了下面，鼻子就向莱卡狗报告："松鼠在那边。"

借助自己的这三个仆从发现树上的小兽以后，莱卡狗就忠诚地把自己第四个仆从——嗓子的效劳献给了打猎的主人。

一条优秀的莱卡狗不会向发现野兽或野禽藏身的树上扑过去，也不会用爪子去抓树干，因为这样会惊动藏身的小兽。一条优秀的莱卡狗会坐在树下，眼睛死死盯住松鼠躲藏的地方，不时发出阵阵吠叫，保持高度警惕。只要主人还没有到来或呼唤它回去，它就不会

从树下离开。

捕猎松鼠的过程本身十分简单：小兽已被莱卡狗发现，它的注意力也被猎狗牢牢吸引，留给猎人的就是无声无息地靠近，不做出剧烈的动作，再就是好好瞄准。

用霰弹枪击中松鼠是不成问题的。但一个职业猎手却用单颗枪弹射击这种小兽，而且一定要击中头部，以免损伤皮毛。冬季松鼠抵御枪伤的能力很强，所以射击要十分准确。否则它就躲进稠密的针叶丛里，会一直留在那里。

捕猎松鼠还可以用捕兽器或别的捕兽工具。

捕兽器是这样放置的：取两块短的厚木板，在树干之间将它们固定；用一根细木棍支撑上面的木板，使它不落到下面的板上，木棍上绑上有气味的诱饵：烤熟的蘑菇或晒干的鱼。松鼠稍稍拖一下诱饵，上面的板就落了下来，啪的一声压住了小兽。

只要雪不是很深，整个冬季猎人都在捕猎松鼠。春季松鼠正在换毛，所以直到深秋，在它重新穿上茂密的浅灰色冬装前，人们都不会碰它。

## 猎　貂

*（本报特派记者来稿）*

捕猎林中的貂难度更大。发现它捕食小兽或鸟类的地方是不成问题的。这里雪被践踏过了，还留有血迹。可是寻找它饱餐以后的藏身之所，就需要一双十分敏锐的眼睛。

貂在空中逃遁：从这一枝条跳上那一枝条，从这棵树跳向那棵树，就如松鼠一样。不过它依然在下面留下了跟随它的痕迹：折断的树枝、兽毛、球果、针叶、被爪子抓落的小块树皮，都会从树上掉落到雪地里。有经验的猎人根据这些痕迹就能判断貂在空中的行走路线。这条路往往很长——有几公里。应当十分留神，一次也不能偏离了痕迹，按坠落物寻找貂的行踪。

当塞索伊·塞索伊奇第一次找到貂的踪迹时，他没有带狗。他自己跟随踪迹去找寻貂的去向。

他乘着滑雪板走了很久。有时胸有成竹地快速走过一二十米——那是在野兽下到雪地里，在雪上留下脚印的地方；有时慢慢腾腾地向前移动，警觉地察看空中旅行者留在路上依稀可见的标记。在那一天，他没有一次不叹息没有把自己忠诚的朋友莱卡狗带上。

塞索伊·塞索伊奇在森林里遇到了黑夜。

小个儿的大胡子烧起了一堆篝火，从怀里掏出一大片面包，放在嘴里嚼着，然后好歹睡过了一个长长的冬夜。

早晨貂的痕迹把猎人引向一棵粗壮干枯的云杉。这可是成功的机会：在云杉树干上塞索伊·塞索伊奇发现了一个树洞，野兽应当在此过夜，而且肯定还没有出来。

猎人扳起了扳机，用右手拿住枪，左手举起一根树枝，用它在云杉树的树干儿上敲了一下。他敲了一下就把树枝扔了，用双手端起了猎枪，以便貂一跳出来就能立马开枪。

貂没有跳出来。

塞索伊·塞索伊奇又捡起树枝。他更使劲地敲了一下树干，然后还要使劲地再敲了一下。

貂没有出现。

“唉，在睡大觉呢！”猎人沮丧地自忖道，“醒醒吧，睡宝宝！”

但是不管他怎么敲，只有敲打声在林子里回响。

原来貂不在树洞里。

这时塞索伊·塞索伊奇才想到要围着云杉看个究竟。

这棵树里面都空了，树干的另一面还有一个从树洞出来的口子，在一根枯枝的下方。枯枝上的积雪已经掉落，说明貂从云杉树干的这一面出了树洞，溜到了邻近的树上，凭借粗大的树干挡住了猎人的视线。

已经没有办法，塞索伊·塞索伊奇只好继续去追踪这头野兽。

整整一天，猎人依然搅在勉强看得清的痕迹布下的迷局里。

天已经暗下来，当时塞索伊·塞索伊奇碰到的一个痕迹明确地表明，野兽并不比自己的追捕者高明多少。猎人找到了一个松鼠窝，貂从这里把松鼠赶了出来。很容易探究清楚，凶猛的小兽曾长久追赶自己的牺牲品，最终在地面上追上了它：筋疲力尽的松鼠已不再打算跳越，就从树枝上跳下去，这时貂便跳了几大步赶上了它。貂就在这儿的雪地里用了午餐。

确实，塞索伊·塞索伊奇跟踪的痕迹是正确的。但是他已无力继续追踪野兽了：从昨天起他什么也没有吃过，他连一丁点儿面包也没有了，而现在逼人的寒气又降临了。再在林子里过一夜就意味着冻死。

塞索伊·塞索伊奇极其懊丧地骂了一句，就开始沿自己的足迹往回走。

“要是追上这鬼东西，”他暗自想道，“要做的就一件事——把一次装的弹药都打出去。”

塞索伊·塞索伊奇窝着一肚子火从肩膀上卸下猎枪，在再次经过松鼠窝时，瞄也不瞄，对着它开了一枪。他这样做只是为了排遣心头的烦恼。

树枝和苔藓从树上纷纷落下来，在此之前，在临死前的战栗中扭动身子的一只毛皮丰厚、精致的林貂，落到了惊讶万分的塞索伊·塞索伊奇的脚边。

后来塞索伊·塞索伊奇得知，这样的情况并不少见：貂捉住了松鼠，把它吃了，然后钻进被它吃掉的洞主温暖的小窝里，蜷缩起身子，安安宁宁地睡个好觉。

# 冬

# 森　林　报

# No. 10

**小道初白月**

（冬一月）

12 月 21 日至 1 月 20 日　　太阳进入摩羯星座

第十期目录

# 冬季是一本书

## 它们怎么读

在冬季这本书里，每一位林中居民都用自己的笔迹、自己的符号书写了内容。人们正在学习用眼睛辨认这些符号。如果不用眼睛读，还能怎么读呢？

但是动物却想到了用鼻子阅读。比如狗就常用嗅觉来读冬天这本书里的符号："狼来过这里。"或者："兔子刚刚从这儿跑过。"

动物这样的鼻子学问大得很，怎么也不会弄错。

## 它们各用什么书写

野兽最多的是用爪子写。有的用整个脚掌写，有的用四个脚趾写，有的用蹄子写。也有用尾巴写的，用喙写的，用肚子写的。

鸟类也用爪子和尾巴写，但还有用翅膀写的。

## 小狗和狐狸，大狗和狼

狐狸的脚印和小狗的脚印相似。区别在于狐狸把爪子握成一团：脚趾握得紧紧的。

狗的脚趾是张开的，所以它的脚印比较松散和柔软。

狼的脚印像大狗的脚印。区别也相同：狼的脚趾从两边向里握紧。狼留下的脚印比狗的脚印长，也更匀称。脚爪和掌心的肉垫打的印痕更深。同一脚掌的印痕上前后爪之间的距离比狗的大。狼脚掌的前爪留下的印痕常合并成一个。狗脚爪的肉垫留下的印痕是相连的，而狼不是。（比较狗、狼和狐狸的脚印。）

这是基础知识。

阅读狼的脚印写成的字行特别费神，因为狼喜欢布弄迷阵，使自己的脚印混乱。狐狸也一样。

## 狼的花招

狼在行走或小步快跑时右后脚齐齐整整踏在左前脚的脚印里，而左后脚则踏在右前脚的脚印里。因此它的脚印像沿着一根绳子一样，笔直延伸，排成一列。

你望着这样的一行脚印，就解读为：“有一头身高体大的狼从这儿过去了。”

你恰恰弄错了！正确的解读应当是：“这里走过了五头狼。”前面走的是头聪明的母狼，它后面跟着一匹老狼，老狼后面是三头年轻小狼。

它们是踩着脚印走，而且走得那么齐整，简直想不到这会是五头野兽的足迹。要成为白色小道（猎人如此称呼雪地上的足迹）上的一名出色的足迹识别者，得练就非常好的眼力。

# 林间纪事

## 缺少知识的小狐狸

小狐狸在林间空地看见了老鼠留下的一道道小小字行。

“啊哈，”它想道，“现在我们有吃的了！”

它认为得用鼻子好生阅读一番，看是谁来过这儿。它只看了一眼就知道了：看，足迹原来通到了那里——一丛灌木边。

它悄悄地向灌木丛逼近。

它看见雪里面有一个皮毛灰色、拖着小尾巴的小东西在动。嚓，一口把它咬住！马上在牙齿间发出了咯吱声。

呸！这么难闻的讨厌东西！它把小兽一口吐掉，跑到一边赶紧吞上几口雪。但愿能让雪把嘴巴洗干净。有那么难闻的气味！

就这样它仍然没能吃上早餐。只是白白地把一只小兽糟蹋了。

那只小兽不是老鼠，也不是田鼠，而是鼩鼱。

它只在远看时像老鼠；近看马上能分清楚：鼩鼱的嘴脸吻部前伸，背部弓起。它属于食昆虫的动物，和鼹鼠、刺猬是近亲。任何一种有知识的野兽都不碰它，因为它发出可怕的气味：麝香的气味。

## 白雪覆盖的鸟群

一只兔子在沼泽地上跳跳蹦蹦地走路。它从一个个草墩上跳过去，于是嘣的一声，从草墩上滑落，跌进了齐耳深的雪地里。

这时兔子感觉到雪下面有活物在微微运动。就在同一瞬间，在它周围随着翅膀振动的声音从雪下面飞出一群柳雷鸟。兔子吓得要命，马上跑回了林子。

原来是整整一群柳雷鸟生活在沼泽地的雪地里。白天它们飞到外面，在雪地里走动，用喙挖掘觅食。吃饱以后又钻进了雪地里。

它们在那里既暖和又安全。谁会发现它们藏在雪下面呢？

## 雪地里的爆炸和获救的狍子

本报记者好久都没有猜透雪地里由足迹书写的一件事。

起先是一行小小窄窄的蹄印安安稳稳地向前延伸着。要解读它并不难：一头狍子在林子里走动，并未感到灾难的临近。

突然一旁出现了硕大的爪印，而狍子的蹄印是跳跃式前进的。

这也很明白：狍子发现了从密林里出来的一头狼，正挡住了它的去路朝它奔来。

接着狼的脚印越来越近，狼开始追赶狍子了。

在一棵倒下的大树边两种脚印完全搅在了一起。显然狍子勉勉强强越过了粗大的树干，这时狼也嗖的一下跟着跃了过去。

树干的那一边有一个深坑：所有的雪被翻转，四下里抛了出去，仿佛这里有一个巨大的炸弹在雪下炸开了。

这以后狍子的足迹走向了一边，狼的足迹走向了另一边，而中间不知从哪里冒出了一种巨大的脚印，很像是人的脚印（当他赤脚走路时），但是带有歪斜的可怕爪痕。

雪里面埋的是什么样的炸弹？这新出现的脚印是什么动物的？为什么狼蹿到了一边，而狍子蹿到了另一边？这里发生了什么事？

我们的记者绞尽脑汁，久久地思索着这些问题。

最后他们弄清楚了，这些巨大的脚印是什么动物的，至此所有问题都迎刃而解了。

狍子凭借自己腾空的四蹄轻松地越过了倒地的树干，又继续向前奔逃而去。狼跟着它也跳跃过去，但是没能越过，因为身体太重。它从树干上滑落，嘭的一下跌进了雪里，而且四条腿一起跌进了一个熊洞。这个洞正好在树干下面。

米什卡①从睡梦中惊醒过来，就跳将出去，于是四周的雪呀、冰呀、树枝呀什么的被搅得一塌糊涂，仿佛炸弹炸过似的，然后就奔跑着逃进了森林（它以为猎人向它袭击来了）。

狼一个跟头翻进雪窝里，一看到这么大的一个身躯，早忘了狍子，只顾拔腿就跑。

而狍子早就不见了踪影。

---

① 米什卡，俄罗斯人对熊的谑称。

# 农事纪程

树木在严寒的气候里沉沉深睡。它们体内的血液——液汁都冻结了。森林里锯条不知疲劳地发出叫声。采伐木材的作业贯穿整个冬季。冬季采伐到的是最为贵重的木材：干燥而且坚固。

为了将采伐的木材运到开春后流送木材的大小河边，人们制造了冰橇——宽广的冰路。他们把水浇到雪地上，就如驾着敞篷马车一样运送。

农庄庄员们正在迎接春季的来临。正在选种，检查幼苗。

一群灰色的田鹬现在住在谷仓边，飞进了村里。在深厚的雪下它们获取食物很艰难，非常艰难，要将雪扒开，更难的是用它们虚弱无力的爪子敲开雪面冰层厚厚的外壳。

在冬季捕捉它们是轻而易举的事，但这是一种犯罪行为：法律禁止在冬季捕捉无助的灰色田鹬。

聪明而体贴的猎人在冬季给这些鸟儿补充食料，在田头给它们安置喂食点：用云杉树枝搭建的小窝棚，里面撒上燕麦和大麦。

于是，美丽的田间公鸡和母鸡就不会在最难熬的冬季死于非命了。到来年夏天，每一对鸟又会带来20只以上的小鸟。

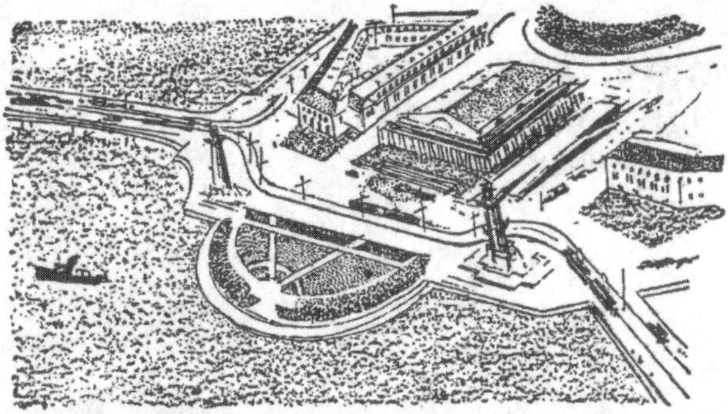

# 都市新闻

## 赤脚在雪地里行走

在晴朗的日子里，当温度计的水银柱升到接近零摄氏度时，在花园里，街心花园和公园里，从雪下爬出了没有翅膀的苍蝇。

它们成天在雪上游荡，傍晚时又躲进了冰雪的缝隙里。

在那里，它们生活在树叶下和苔藓中僻静的温暖场所。

雪地里没有留下它们游荡的足迹。这些游荡者身体很轻很小，只有在高倍放大镜下才能看清它们突出的长长嘴脸，从额头直接长出的奇怪的触角和纤细赤裸的腿脚。

## 冬季植树

离伏尔加—顿河运河开航的日子剩下没有多少时间了。在这一时刻来临之前建设者们不仅在运河两岸，还在毗邻各水库的沿岸、路边和宅院周边的地块，加紧绿化工作。应当及时种植数千棵树木和灌木丛。为了更快地完成这个任务，他们决定冬季也不中断植树的工作。

汽车装载着巨大的连土团一起挖出的树木，一辆接一辆地驶向运河边。1月份，在运河边准备就绪的地段种下了已有多年树龄的橡树、榆树、山杨和锥形白杨。

*塔斯社讯*

# 狩猎纪事

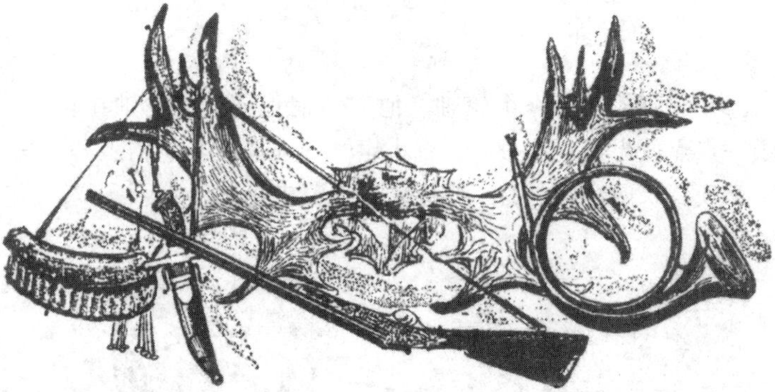

## 在白色小道上解读

他们向农民打听了狼的去向，就出发去解读足迹了。轮轴放在后面的雪橇上随行。

狼迹沿着一条线路从村庄向森林延伸，经过田野。看起来似乎只有一头狼，而有经验的足迹辨认者却看出这里走过的是整整一窝狼。

在森林里一条足迹分成了五条。猎人们看了一会，说道：走在头里的是狼母亲。足迹窄窄的，步子短短的，成对角线方向有雪爪①：他们就是凭这一点认出来的。

---

① 野兽在踩下的雪窝里拔出爪子时会从雪窝里带出一部分雪，于是在雪上用脚爪做出痕迹。这样的线条称为“雪爪”。——原作者注

他们分成了两组，分坐到雪橇上，绕森林转了一圈。

足迹没有离开森林到任何地方，那就表明整窝狼就住在这儿的林子里。应当用围猎的办法解决它。

## *围　猎*

每一组猎人都带一个轮轴。他们悄悄地前进，轮轴在转动，把绳子一点点放出来。在身后，将小旗子挂在灌木丛、树上和树墩上。这样就使长长的小旗子有一半离地，在空中晃荡。

在村边两组人会合了：已经把林子从四面包围了。

他们吩咐农庄庄员天刚亮就起床，自己则去睡觉了。

## *在黑夜里*

夜降临了，非常寒冷，明月高照。

母狼从睡觉的地方起了身。公狼起身了。几头今年新生的一岁小狼也起身了。

四周是密密丛林。在枝叶扶疏的云杉树梢上方的天空，浮动着一轮圆月，宛如一个死亡的太阳。

狼的肚子正饿得咕咕叫。

狼的心里闷得慌！

母狼抬起头，对着月亮嗥叫起来，公狼跟着它用低沉的声音也叫了起来。跟着它们叫的是一岁的小狼，声音细细的。

村子里的牲口听到了狼嗥，于是奶牛哞叫起来，山羊也开始咩咩叫。

母狼出发了。后面跟着公狼，再后面是那几头一岁的小狼。

它们小心翼翼认准脚印踩着走，沿着森林向村庄进发。

突然母狼站住不走了。公狼也停住了。小狼也站住了。

惶惑不安的目光在母狼凶狠的双眼里闪烁了一下。它灵敏的鼻子嗅到了红布刺鼻的气息。它发现前面的林间空地上有深色的布片挂在灌木丛上。

母狼已经上了年纪，见过的世面也多。可这种情况却从未遇到过。不过它知道哪儿有布片，哪儿就有人。谁知他们会怎么样呢：

说不定正躲在田野里守着呢？

得回头走。

它转过身，跳跃着向密林跑去。公狼跟着它。它们后面是小狼。

狼群大步跳跃着跑过整座森林，到林间空地边又停住了。

还是布片儿！像伸出的舌头似的挂着。

这几头狼不知所措了。林子里纵横交错，各处都是布片儿，没有出路可走。

母狼感到了不祥的预兆。它蹿回到了密林里，卧了下来。公狼也卧倒了。小狼也跟着卧倒。

它们无法走出包围圈。最好还是忍饥挨饿。谁知道他们呢，人究竟想干什么？

肚子饿得咕咕直叫。冷得厉害。

## *次日清晨*

天刚蒙蒙亮，两支队伍就从村里出发了。

一支人数较少的队伍围绕着森林走，他们都穿着灰色长袍，悄悄地在这里解下小旗，呈链状散开，躲到了灌木丛后面。这些是带枪的猎人。他们穿灰色衣服是因为在冬季的森林里所有别的颜色都很显眼。

人数多的那支队伍——手持木橛子的农庄庄员待在田野里。接着按领队的命令闹闹嚷嚷地开进了森林里。他们在森林里一面走，一面大声吆喝，用棍棒敲打树干。

## *驱　赶*

狼在密林里打盹儿。突然从村庄的方向传来了嘈杂声。

母狼从侧面冲向了另一方向。它后面跟着公狼，公狼后面跟着小狼。

它们竖起了颈毛，夹紧了尾巴，耳朵转向身后，双目炯炯发光。

到了森林边缘。有布片儿。

回头！

嘈杂声越来越近。听得出有许多人走来，木棒敲得嘭嘭响。

直接避开他们。

又到了森林边缘。红布片没有了。

向前逃！

整窝狼直接落进了射击手的包围圈。

灌木丛里射出了一条条火光，响起了震耳的枪声。公狼高高地蹿了起来，又嘭的一声坠到了地上。小狼尖叫着打起了转。

整窝小狼没有一头逃脱士兵们准确的枪弹。只有老母狼不知消失到了何方。它是怎么逃走的，没有任何人看见。

村子里再也没有牲口丢失的事发生。

## *猎　狐*

*（本报特派记者）*

经验丰富的猎人，凭他那双明察秋毫的眼睛，一看足迹，狐狸的动向有什么看不出来！

塞索伊·塞索伊奇早上出门，踏上新下过雪的地面，老远就发现了一行清晰、规整的狐狸足迹。

小个儿猎人不慌不忙地走到足迹前，沉思地望着它。他脱下一块滑雪板，一条腿单跪在上面。他弯起一根手指伸进脚印里，先竖着，再横着，量了量。又思量了一会。他站起来，穿上滑雪板，顺着足迹平行前进，眼睛盯着足迹片刻不离。他隐没在了灌木丛里；接着又走了出来，走到一座不大的林子前面；仍然那样从容不迫地围着林子走了起来。

然而当他从这座小林子的另一边出来时，突然回头快速向村子跑去。他不用撑竿的推助，急速地踩着滑雪板在雪上滑行。

短暂冬日的两个小时花在了对足迹的观察上。可是塞索伊·塞索伊奇却已暗自下定决心一定要在今天逮住狐狸。

他跑到了我们另一位猎人谢尔盖家的农舍前。谢尔盖的母亲从窗口看见了他，就走到门口台阶上，首先和他打招呼：

“儿子不在家。也没说去哪儿。”

对于老太太要的滑头塞索伊·塞索伊奇只是莞尔一笑。

“我知道，我知道，他在安德烈家。”

塞索伊·塞索伊奇果然在安德烈家找到了两个年轻猎人。

他走进屋子时那两个人有点尴尬，这瞒不过他的眼睛。他们都不吭声了，谢尔盖甚至从长凳上站了起来，想遮住身后的那一大捆缠着小红旗的轮轴。

“别藏藏掖掖了，小伙子，”塞索伊·塞索伊奇务实地说，“我都知道。今儿夜里狐狸在星火农庄叼走了一只鹅。现在它在哪儿落脚，我知道。”

两个年轻的猎人张大了嘴巴。半小时前谢尔盖遇见了邻近的星火农庄的一个熟人，得知今天凌晨狐狸趁夜从那里的禽舍里叼走了一只鹅。谢尔盖跑回来把这件事告诉了自己的朋友安德烈。他们刚刚才商定，要赶在塞索伊·塞索伊奇得知这件事之前就找到狐狸，把它逮到手。可他却说到就到，而且都知道了。

安德烈先开口：

“是老婆子给你卜的卦吧？”

塞索伊·塞索伊奇冷冷一笑：

“那些老婆子恐怕一辈子也不会知道这号事。我看了足迹了。我要告诉你们的是：这是雄狐狸走过的脚印，而且是只老狐狸，个子大大的。脚印是圆的，很干净；它走过，在雪上并不像雌狐那样把足迹抹掉。很大的脚印，是从星火农庄过来的，叼着一只鹅。它在灌木丛里把鹅吃了：我已找到了那个地方。这是只十分狡猾的雄狐，吃得饱饱的，它身上的皮毛很稠密，能卖上难得的好价钱。”

谢尔盖和安德烈彼此交换了一个眼色。

“怎么，这难道又是足迹上写着的？”

“怎么不是呢。如果是一只瘦狐，过着半饥半饱的日子，那么皮毛就稀，没有光泽。而在又狡猾、吃得又饱的老狐身上，皮毛就很密，颜色深沉，有光泽。这是一副贵重的皮毛。吃得饱饱的狐狸足迹也不一样：吃饱了走路轻松，脚步跟猫一样，一个脚印接一个脚印——齐齐整整的一行，一个爪子踩进另一个爪子的印痕里——口对着口。我对你们说，这样的皮子在林普什宁抢手得很，给大价钱呢。”

塞索伊·塞索伊奇不说了。谢尔盖和安德烈又交换了一个眼色，走到一角，窃窃私语了一会。

接着安德烈说：

“怎么样，塞索伊·塞索伊奇，有话直说吧：你是来叫我们合伙的？我们不反对。你看到，我们自己也听说了。小旗子也备了。原本想赶在你前头，没有得逞。那就一言为定，到了那里，谁运气好，它就撞到谁手里。”

“第一轮围猎由你们干，”小个儿猎人大度地决定，“要是野兽逃走了，肯定没有第二轮。这只雄狐不同于我们这儿那些普通狐狸。我们当地的那些我认得出，这么大个儿可没有。如果它在开第一枪之后就溜之大吉了，你就是两天也追不上它。那些小旗子，还是留在家里吧：老狐狸刁得很，也许被围猎已经不是一次了，会钻地逃跑。”

这时两个年轻猎人坚持要带小旗子，认为这样牢靠些。

“得，”塞索伊·塞索伊奇同意了，“你们想带，就照你们的，带上吧。走！”

在谢尔盖和安德烈准备行装，将两个绕着小旗的轮轴搬到外面，绑上雪橇时，塞索伊·塞索伊奇赶紧回了趟家，换了身衣服，叫上了五个年轻农庄庄员——帮助围猎。

三个猎人都在自己的短大衣外面罩了件灰色长袍。

“这回是去对付狐狸，不是兔子，”在路上塞索伊·塞索伊奇开导说，“兔子不怎么会辨别。狐狸可要敏感得多，睛睛看异样的东西尖着呢。一看见点儿什么，脚印就没有了。”

他们很快就到了狐狸落脚的那座林子。在这里他们分了工：围猎的农民留在原地，谢尔盖和安德烈带上一个轮轴，从左边去围着林子布旗子，塞索伊·塞索伊奇则从右边布。

“留神看着，”临行前塞索伊·塞索伊奇提醒说，“看哪儿有没有它出逃的脚印。还有，别弄出声响。狐狸很机灵，只要一听见一丁点儿声音，就不会等着你去逮它。”

不久三个猎人在林子那一边会合了。

“搞定了吗？”塞索伊·塞索伊奇悄声问。

“完全搞定了，”谢尔盖和安德烈回答，“我们仔细看过：没有逃出去的足迹。”

“我那边也一样。”

离旗子一百五十步左右的地方，他们留了条通道。塞索伊·塞索伊奇向两位年轻猎人建议他们最好站立在什么位置，说完自己就悄无声息地乘滑雪板滑向围猎的五个人那儿。

半小时以后围猎就开始了。六个人形成一个包围圈，像一张网一样在森林中行进，悄声呼应着，用木棍敲打树干。塞索伊·塞索伊奇走在呐喊者的中间，使包围圈队形保持整齐。

森林里一片寂静。被人触碰的树枝上落下一团团松软的积雪。

塞索伊·塞索伊奇紧张地等待着枪响：尽管开枪的是自己的小伙子，心还是提到了嗓子眼。这只狐狸是难得遇到的，对此经验丰富的猎人毫不怀疑。要是他们看走了眼，就再也看不到了。

已经到了林子中央，可是枪依然没有响。

“怎么搞的？”塞索伊·塞索伊奇在树干之间滑行时忐忑地想，“狐狸早该从它藏身的地方跳出来了。”

路走完了。又到了森林边缘。安德烈和谢尔盖从守候的云杉后面走出来。

“没有？”塞索伊·塞索伊奇已经放开了嗓子问。

“没看见。”

小个儿猎人没多说一句废话，就往回跑，去检查打围的地方。

“喂，过来！”几分钟后传来了他气呼呼的声音。

大伙都向他走去。

“还说会看足迹呢！”小个儿猎人冲着两个年轻猎人恨恨地嘟囔着说，“你们说过没有出逃的痕迹。这是什么？”

“兔迹，”谢尔盖和安德烈两个人异口同声地说，“兔子的脚印。怎么，难道我们不知道？我们还在刚才围拢来的时候就发现了。”

“可是在兔迹里，兔迹里的究竟是什么？我对你们这两个大傻瓜说过：雄狐是很刁的！”

在兔子后腿长长的脚印里，年轻猎人的眼睛一下子没有看出另一头野兽留下的明显痕迹——更圆、更短的脚印。

“你们没有想到，狐狸为了藏掖自己的脚印，会踩着兔子脚印走，是吗?”塞索伊·塞索伊奇和他们急了，“脚印对着脚印，窝儿合着窝儿。两个笨蛋！多少时间白待了。”

塞索伊·塞索伊奇首先顺着足迹跑了起来，命令把旗子留在原地。其余人默默地紧紧跟在他后面。

在灌木丛里狐狸的足迹出离了兔迹，独自前进了。他们沿着齐齐整整的一行脚印走了好久，走出了狐狸设下的圈套。

阳光不强的冬日随着雪青色云层的出现已接近尾声。人人都是一副垂头丧气的样子，因为整整一天的辛劳都付诸东流了。脚下的滑雪板也变得沉重起来。

突然塞索伊·塞索伊奇停了下来。他指着前方的小林子轻声说：“狐狸在那里。接下去五公里的范围，地面就像一张桌子的面儿，既没有一丛灌木，也没有沟沟壑壑。野兽不会指望在开阔地上逃跑。我用脑袋担保，它就在这儿。”

两个年轻猎人的疲劳感似乎被一只手一下子从身上解除了。他们从肩头拿下了猎枪。

塞索伊·塞索伊奇吩咐三个围猎的农民和安德烈从右边，另两个和谢尔盖从左边，向小林子包抄。大家立马向林子里走去。

他们走后，塞索伊·塞索伊奇自己无声无息地滑行到林子中央。他知道那里有块不大的林间空地。雄狐无论如何不会出来走到开阔地上。但是不管它沿什么方向穿过林子，都不可避免地要沿着林间空地边缘的某个地方溜过去。

在林间空地中央矗立着一棵高大的老云杉。在它茂盛而强壮的枝杈上，它支撑着倒在它身上的一棵姐妹树干枯的树干。

塞索伊·塞索伊奇脑海里闪过一个念头，想沿着倒下的云杉爬上大树，因为从高处看得见狐狸从哪儿走出来。林间空地的周围只长着一些低矮的云杉，矗立着一些光秃的山杨和白桦。

但是经验丰富的猎人马上放弃了这个想法，因为在你爬树的当儿狐狸已经十次逃脱了。再说从树上开枪也不方便。

塞索伊·塞索伊奇站在云杉旁边，两棵小云杉之间的一个树桩上，推上了双筒枪的枪栓，开始仔细地四下观察。

几乎是一下子从四面八方响起了围猎者轻轻的说话声。

塞索伊·塞索伊奇自己的整个身心都准确无误地知道无价的狐狸已经来到这里，就在他的身旁，它随时都会出现，但是当棕红色的皮毛在树干之间一闪而过时，他还是哆嗦了一下。而当野兽出乎意料地跳将出来，直接奔向开阔的林间空地时，塞索伊·塞索伊奇差点儿就开枪了。

不能开枪，因为这不是狐狸，是兔子。

兔子坐在雪地上，开始惊惶地抖动耳朵。

人声从四面八方一点点逼近。

兔子纵身一跳逃进森林不见了。

塞索伊，塞索伊奇仍然全身高度紧张地在等待。

忽然响起了枪声。枪声来自右方。

“他们把它打死了？打伤了？”

从左方传来第二声枪响。

塞索伊·塞索伊奇放下了猎枪：不是谢尔盖就是安德烈，总有一人开的枪而且得到了狐狸。

几分钟后围猎者走了出来，到了林间空地。和他们一起的还有一副窘态的谢尔盖。

“落空了？”塞索伊·塞索伊奇阴沉着脸问。

“要是它在灌木丛后面……”

“唉！……”

“看，是它！”旁边响起了安德烈得意的声音，“说不定还没有走。”

于是年轻猎人一面走上前来，一面向塞索伊·塞索伊奇脚边扔过来……一只死兔。

塞索伊·塞索伊奇张开了嘴巴，又重新闭上了，什么话也没有说。围猎者莫名其妙地看着这三个猎人。

“怎么说呢，祝你满载而归！”塞索伊·塞索伊奇最后平静地说，“现在各自回家吧。”

“那狐狸怎么办？”谢尔盖问。

“你看见它啦？”塞索伊·塞索伊奇问。

“没有，没看见。我也是对兔子开的枪，而且你是知道的，它在灌木丛后面，所以……”

塞索伊·塞索伊奇只挥了挥手。

“我看见山雀在空中把狐狸叼走了。”

当大家走出林子时，小个儿猎人落在了同伴们的后面。还有足够的光线可以发现雪地里的足迹。

塞索伊·塞索伊奇慢慢地，时而停顿一下，绕小林子走了一圈。

雪地里明显地看得出狐狸和兔子出逃的痕迹：塞索伊·塞索伊奇细心察看了狐狸的足迹。

不对，雄狐没有沿着自己的足迹走回头路——脚印对着脚印，窝儿合着窝儿。而且这也不符合狐狸的习性。

从小林子出逃的足迹并不存在——无论是兔子的，还是狐狸的。

塞索伊·塞索伊奇坐到树桩上，双手捧着低下的脑袋，思量起来。最后他脑子里钻进一个简单的想法：雄狐可能在林子里钻了洞——它躲进了猎人连想也不曾想过的洞穴。

但是当塞索伊·塞索伊奇想到这一点并且抬起头时，天已经黑了。再也没有希望发现狡猾的野兽了。

于是塞索伊·塞索伊奇就跑回家去。

野兽会给人猜最难猜的谜，这样的谜有些人就是解不开，即使是在所有时代、所有民族心目中都以自己的狡猾著称的狐大婶①也解不开，但塞索伊·塞索伊奇可不是这样的人。

第二天早晨，小个儿猎人又到了傍晚找不到足迹的那座小林子。现在确实留下了狐狸从林子出逃的足迹。

塞索伊·塞索伊奇开始顺着它走，以便找到他至今不明的那个洞穴。但是狐狸的足迹直接把他带到了位于林子中央的空地。

齐整清晰的一行印窝儿通向倒下的干枯云杉，沿着它向上攀升，在那棵高大茂盛的云杉稠密的枝叶间失去了踪影。那里，在离地八米的高处，一根宽大的树枝上全然没有积雪：被卧伏在上面的野兽

---

① “狐大婶”是俄文“丽萨·帕特里凯耶夫娜”的意译，系俄罗斯民间故事中一只狐狸的名字。

打落了。

老雄狐昨天就趴在守候它的塞索伊·塞索伊奇头顶上方。如果狐狸会笑的话，它一定对那个小个儿猎人笑得前仰后合。

不过打这件事以后，塞索伊·塞索伊奇就坚信不疑，既然狐狸会爬树，那么它们要笑当然也就笑得应该了。

# 天南海北

## 无线电通报

**请注意！请注意！**

列宁格勒广播电台，这里是《森林报》编辑部。

今天，12 月 22 日，冬至，我们播送今年最后一次广播——来自苏联各地的无线电通报。

我们呼叫冻土带和草原，原始森林和沙漠，高山和海洋。

请告诉我们，在这隆冬季节，一年中白昼最短、黑夜最长的日子，你们那里发生了什么？

---

**请收听！请收听！**

### 北冰洋远方岛屿广播电台

我们这儿正值最漫长的黑夜。太阳已离开我们落到了大洋后面，直至开春前再也不会露脸。

大洋被冰层所覆盖。在我们大小岛屿的冻土上，到处是冰天雪地。

冬季还有哪些动物留在我们这儿呢？

在大洋的冰层下面生活着海豹。它们在冰还比较薄的时候，在上面设置通气和出入口，并用嘴脸撞开将通气口迅速收缩的冰块，努力保持通畅。海豹到这些口子呼吸新鲜空气，通过它们爬到冰上，在上面休息、睡眠。

这时，一头公白熊正偷偷地向它们逼近。它不冬眠，整个冬季不像母白熊那样躲进冰窟窿。

冻土带的雪下面生活着短尾巴的兔尾鼠，它们为自己筑了许多通道，啃食埋藏的野草。雪白的北极狐在这里用鼻子寻找它们，把它们挖出来。

还有一种北极狐捕食的野味：冻土带的山鹑。当它们钻进雪里睡觉时，嗅觉灵敏的狐狸就会毫不费力地偷偷逼近，将它们捕获。

冬季我们这儿没有别的野兽和鸟类。驯鹿在冬季来临之前就千方百计从岛上离开，沿冰原去往原始森林。

如果所有时间都是黑夜，不见太阳，我们怎么看得见呢？

其实即使没有太阳，我们这儿还经常是光明的。首先在太阳应该升起的时候，月亮会照耀大地；其次非常频繁地会出现北极光。

变幻着五光十色的神奇极光，有时像一条有生命的宽阔带子展现在北极一边的天空，有时像瀑布一样飞流直泻，有时像一根根柱子或一把把利剑直冲霄汉。而它的下面是光彩熠熠、闪烁着点点星火的最为纯洁的白雪。于是变得和白昼一样光明。

寒冷吗？当然，冷得彻骨。还有风。还有暴风雪——那暴风雪真叫厉害，我们已经一个星期连鼻子都没有伸到盖满白雪的屋子外面去过。不过我们苏联人什么都吓不倒。我们一年年地向北冰洋进军，越走越远。勇敢的苏联北极人早就连北极都在研究了。

## 顿河草原广播电台

我们这儿也将开始下雪。可我们无所谓！我们这儿冬季不长，也不那么来势汹汹。甚至连河流也不全封冻。野鸭从湖泊迁徙到这里，不想再往南赶了。从北方飞来我们这里的白嘴鸦逗留在小镇上、城市里。它们在这里有足够的食物。它们将住到3月中旬，到那时再飞回家，回到故乡。

在我们这儿越冬的还有远方冻土带的来客：雪鹀、角百灵、巨大的北极雪鸮。它们在白昼捕猎，否则它们夏季在冻土带怎么生活呢？那时可整天都是白昼啊。在白雪覆盖的空旷草原上，冬季人们无事可做。不过在地下，即使现在也干得热火朝天：在深深的矿井里我们用机器铲煤，用电力把煤炭送上地面、井巷，再用蒸汽——在无穷无尽的列车上——把它运送到全国各地：送往各个工厂。

## 新西伯利亚原始森林广播电台

原始森林的积雪越来越深。猎人们踩着滑雪板，结成合作小队前往原始森林，身后拖着装有给养的轻便窄长雪橇。奔在前头的是猎狗，竖着尖尖的耳朵，有一条把方向的毛茸茸尾巴，这是莱卡狗。

原始森林里有许多浅灰色的松鼠，珍贵的黑貂，皮毛丰厚的猞猁，雪兔和硕大的驼鹿，棕红色的鼬——黄鼠狼，用它的毛可以做画笔，还有白鼬，旧时用它的毛皮缝制沙皇的皇袍，如今则制作给孩子戴的帽子。有许多棕色的火狐和玄狐，还有许多可口的花尾榛鸡和松鸡。

熊早已在自己隐秘的洞穴里呼呼大睡。

猎人们好几个月不走出原始森林，在那里过冬用的小小窝棚里过夜；整个短暂的白昼都用来捕捉各种野兽和野禽了，他们的莱卡狗在这段时间正在林子里东奔西跑地找寻，用鼻子、眼睛、耳朵找出松鸡和松鼠、黄鼠狼与驼鹿或者就是那位睡宝宝——狗熊。

猎人们的合作小队身后用皮带拖着装满沉甸甸猎物的轻便雪橇，正往家里赶。

## 卡拉库姆沙漠广播电台

春季和秋季沙漠并非沙漠：那里生机盎然。

而夏季和冬季那里却死气沉沉。夏季没有食物，只有酷暑，冬季也没有食物，只有严寒。

冬季野兽和鸟类跑的跑，飞的飞，都逃离了这可怕的地方。南方灿烂的太阳徒然升起在这无边无际、白雪覆盖的瀚海上空；那里什么动物也没有，也没有动物为朗朗晴日而欢欣鼓舞。纵然太阳会晒热积雪，反正下面是毫无生命的黄沙。乌龟、蜥蜴、蛇、昆虫，甚至热血动物——老鼠、黄鼠、跳鼠都深深地钻进了沙里，不会动弹，冻僵了。

狂风在原野上肆意横行，无可阻挡：冬季它是沙漠的主宰。

但是不会永远这样下去。人类正在战胜沙漠：开河筑渠，植树造林。现在无论夏季还是冬季，沙漠也充满了生机。

请收听！请收听！

## 高加索山区广播电台

我们这儿夏季既有冬天也有夏天，而冬季也同样既有冬天也有夏天。

即使在夏季，在像我们的卡兹别克山和厄尔布鲁士山这样傲然耸入云端的高山上，炎热的阳光也照不暖永久的冰雪。同时，即使冬季的严寒，也征服不了层峦叠嶂保护下的鲜花盛开的谷地和海滨。

冬季将岩羚羊、野山羊和野绵羊逐下了山巅，却无法再将它们往下驱赶了。冬季开始把白雪洒上山岭，而在下面的谷地里，它却降下了温暖的雨水。

我们刚刚在果园里采摘了橘子、橙子、柠檬，而且交给了国家。我们果园里玫瑰还在开花，蜜蜂还在嗡嗡飞舞着，而在向阳的山坡上正盛开着春季首批的鲜花——有着绿色花蕊的白色雪莲花和黄色蒲公英。我们这儿鲜花终年盛开，母鸡终年下蛋。

在冬季的寒冷和饥饿降临时，我们的野兽和鸟类不必从它们夏季生活的地方远远地奔逃或飞离：它们只要下到半山腰或山脚下、谷地里，那里它们能替自己找到食物和温暖。

我们的高加索庇护了多少飞行的来客——为躲避暴戾的北方冬季而流浪的避难者！使它们获得了几多美食和温暖！

其中有苍头燕雀、椋鸟、云雀、野鸭、长嘴的林鹬——丘鹬。

但愿今天是冬季的转折点，但愿今天的白昼是最短的白昼，今天的黑夜是全年最长的黑夜，而明天就是阳光明媚、繁星满天的新年元旦。在我国的一端——北冰洋上——我们的伙伴无法走出家门，因为那里是如此的暴风雪，如此的严寒。而在我国的另一端，我们出门不用穿大衣，只穿单衣薄裳，仍然觉得很暖和。我们欣赏高耸云天的山峰，明净天空中俯瞰群山的纤细月牙。我们的脚边宁静的大海荡漾着微波。

## 黑海广播电台

确实，黑海今天轻轻地拍打着海岸，岸滩上，在海浪轻柔的冲击下，卵石懒洋洋地发出阵阵轰鸣。深暗的水面反照出一弯细细的新月。

我们上空的暴风雨早已消停。于是，我们的大海惴惴不安起来。它掀起峰巅泛白的波涛，狂暴地砸向山崖，带着丝丝的絮语和隆隆的巨响从远处向着岸边飞驰。那是秋季的情景。而在冬季我们难得受到狂风的侵扰。

黑海不知道有真正的冬季。除了北部沿岸的海面会结一点冰，不过是海水降一点温。我们的大海通年荡漾着波浪，欢乐的海豚在那里戏水，鸬鹚在水中出没，海鸥在天空飞翔。海面上巨大漂亮的内燃机轮船和蒸汽机轮船来来往往，摩托快艇破浪前进，轻盈的帆船飞速行驶。

来这儿过冬的有潜水鸟、各种潜鸭和下巴下拖着一只装鱼的大袋子的粉红色胖鹈鹕。

列宁格勒广播电台，这里是《森林报》编辑部。

你们看到在苏联有许多各不相同的冬季、秋季、夏季和春季。而这一切都属于我们，这一切就构成了我们伟大的祖国。

挑选一下你心中喜欢的地方吧。无论你到什么地方，无论你在哪里落户定居，到处都有美景在向你招手，有事情等待你去完成：研究、发现新的美丽和我们大地的财富，在上面建设更美好的新生活。

我们一年中第四次，也是最后一次广播——来自全国各地的无线电报告就到此结束了。

*再见！再见！*

*明年见！*

# 森 林 报

## No. 11

**啼饥号寒月**

（冬二月）

1月21日至2月20日　　太阳进入宝瓶星座

### 第十一期目录

# 森林里冷呵，真冷

## 吃饱了就不怕冷

兽类和鸟类所有的操劳就为了吃饱肚子。饱餐一顿可以使体内发热，血液变得温暖，沿各条血管把热量送到全身。皮下有脂肪，那是温暖的茸毛或羽毛外套里面极好的衬里。寒气可以透过茸毛，可以钻进羽毛，可是任何严寒都穿不透皮下的脂肪。

如果有充足的食物，冬天就不可怕。可是在冬季里到哪儿去弄食物呢？

狼在森林里徘徊，狐狸在森林里游荡，可是森林里空空荡荡，所有的兽类和鸟类躲藏的躲藏，飞走的飞走。渡鸦在白昼飞来飞去，雕鸮在黑夜里飞来飞去，都在寻觅猎物，可猎物却没有。

森林里饿呵，真饿！

## 跟在后面吃剩下的

渡鸦首先发现一具动物尸体。

“咯！咯！”整整一群渡鸦鸣叫着飞集到上面，正要开始它们的晚餐。

天色已经向晚，正在黑下来，月亮出现在天空。

林中传出呜呜的叫声：

“呜——呜呜！……”

渡鸦飞走了。雕鸮从林子里飞出来，落到了尸体上。

它刚开始自己的正餐，用钩嘴撕扯着一块肉，转动着耳朵，眨巴着白色的眼皮，突然雪地上传来了瑟瑟的脚步声。

雕鸮飞到了树上。狐狸扑到了尸体上。

咔嚓，咔嚓，牙齿正在撕咬。它来不及吃个痛快，狼来了。

狐狸钻进了灌木丛，狼扑向了尸体。它的毛都竖了起来，牙齿像刀一样锋利，撕咬着尸肉，嘴里得意地呜呜叫个不停，周围什么声音它都没有听见。它不时抬起头，把牙齿咬得咯咯响——谁也别靠近！——于是又继续自己的好事。

突然，它的头顶一个浑厚的声音发出了咆哮。狼吓得蹲到了一边，夹紧了尾巴，随即溜之大吉。

森林之主熊大人大驾亲临了。

这时谁也别想靠近。

到黑夜将尽，熊用完正餐，睡觉去了。狼却跟在后面候着。

熊走了，狼就吃上了。

狼吃饱了，狐狸来了。

狐狸吃饱了，雕鸮飞来了。

雕鸮吃饱了，这时渡鸦才飞拢来。

已是黎明时分，它们在免费的餐厅里吃了个精光，留下的只是残渣一堆。

# 林间纪事

## 我们怎么打了一回猎

一天早晨，我和爸爸去打猎。这是一个很冷的早晨。雪地里有许多脚印。就在这时爸爸说：“这是新鲜脚印。这儿不远有一只兔子。”

爸爸派我沿着足迹去跟踪，自己却留下来等候。当你把兔子从卧伏的地方赶起以后，它总是走一个圈儿，再沿自己的足迹往回跑。

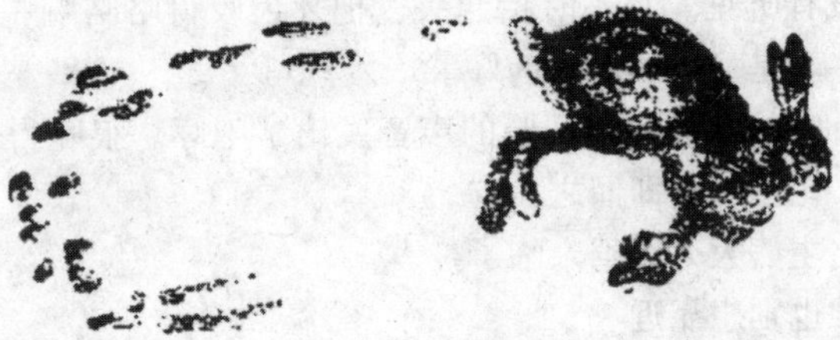

我沿着它的足迹走。脚印很多，但我坚持继续前进。不久我把它赶了起来。它趴在一丛柳树下。受惊的兔子走了一个圈儿，就踩着自己老的脚印走了。我焦急地等待着枪声。过了一分钟，又一分钟。突然在刚开始的寂静中响起了枪声。我朝枪声方向跑去。不久我看见了爸爸。离他大约十米的地方，一只兔子倒在地上。我捡起兔子，我们就带着猎物回家了。

*驻林地记者：维克多·达尼连科夫*

# 法则对谁不起作用

现在林中的居民都因严酷的冬季而啼饥号寒。林中的法则吩咐说：在冬季要竭尽所能拯救自己摆脱寒冷和饥饿。孵雏鸟的事连想都别想。哺育小鸟要在夏季，那时气候温暖，食物充足。

说得不错，可是如果有谁觉得冬季森林中充满食物，那这条法则对它就起作用。

我报记者在一棵高高的云杉上发现了一只小鸟的窝。鸟窝所在的树杈上面盖满了白雪，而窝里却放着鸟蛋。

第二天，我们的记者来到了这里，正好碰上冻得咔咔响的大冷天，大家的鼻子都冻得通红，一看，窝里已孵出了小鸟。它们赤裸地趴在雪中央，还没有开眼。

真是天下奇事!

其实什么奇事也没有。是一对红交嘴鸟筑的巢，孵出的小鸟。

交嘴鸟是这样一种鸟，它在冬天一不怕冷，二不怕饿。长年可以在森林里见到一群群这样的小鸟。它们快乐地此呼彼应，从一棵树飞向另一棵树，从一座林子飞向另一座林子。它们终年过着居无定所的生活：今天在这里，明天在那里。

春季里所有的鸣禽都成双结对，为自己挑选地方，在那里生活，直到孵出小鸟。

而交嘴鸟这时却成群结队地在所有林子里飞来飞去，在哪儿也不久留。

在它们热热闹闹的飞行队伍里，通常可以见到老鸟和年轻的鸟在一起。仿佛它们的小鸟就是这样在空中和飞行中出生的。

在我们列宁格勒，还把交嘴鸟称为“鹦鹉”。给它们冠以这样的称号是因为它们鲜艳靓丽的羽毛像鹦鹉，还因为它们也像鹦鹉一样爬上小横杆转来转去。雄鸟长着不同色调的橙黄色羽毛，雌鸟和小鸟则是绿的和黄的。

交嘴鸟的爪子有抓力，喙抓东西很灵巧。交嘴鸟喜欢头朝下把身子挂着，爪子抓住上面的树枝，嘴咬住下面的树枝。

有件事令人感到完全是个奇迹，那就是交嘴鸟死后尸体很久不腐烂。一只老交嘴鸟的尸体可以放上大约二十年，一根羽毛也不会脱落，而且没有气味，像木乃伊一样。

但是交嘴鸟最有趣的是它的喙。这样的喙别的鸟儿是没有的。

交嘴鸟的喙是十字形交叉的：上半片喙向下弯，下半片向上弯。

交嘴鸟的喙是一切奇迹产生的关键和谜底。

它生下来的时候喙是直的，跟所有鸟类一样。但是一等它长大，它就开始用喙从云杉和松树的球果里啄取种子。这时它那还软的喙就开始弯成十字形，而且终生保持这个样子。这对交嘴鸟是有好处的：十字形的喙从球果里剥出种子要方便得多。

现在一切都明白了。

为什么交嘴鸟一生都在森林里游荡？

那是因为它们一直在寻找球果收成好的地方。今年我们列宁格勒州球果收成好，它们就待在我们这儿。明年北方什么地方球果收成好，它们就去那里。

为什么交嘴鸟到冬天还大唱其歌，并且在雪中孵小鸟？

既然四周食物应有尽有，它们干吗不唱歌，不孵小鸟？窝里暖和着哩，里面既有羽绒又有羽毛，还有软绵绵的毛毛，雌鸟自生下第一个蛋，就不出窝了。雄鸟会给它衔来吃的。

雌鸟趴在窝里，孵着蛋，一旦小鸟出壳，它就喂它们在自己嗉囊里软化了的云杉和松树的种子。要知道树上常年都有球果。

有一对鸟儿恋上了，想住自己的屋子，生下自己的孩子了，它们就飞离了鸟群，反正无论冬季、春季还是秋季对它们都一样（每一个月交嘴鸟都能碰到窝儿）。窝安顿好了，住下了，等小鸟长大，一家子又汇入鸟群中间。

为什么交嘴鸟死后会变成木乃伊？

原因是它们吃球果种子。在云杉和松树的种子里有许多松脂。有时一只老交嘴鸟在漫长的一生中吸收这种松脂就如靴子上涂松焦油一样。松脂使它的身体死后不腐烂。

埃及人不也是在自己已故的亲人身上抹松脂吗，这样就做成了木乃伊。

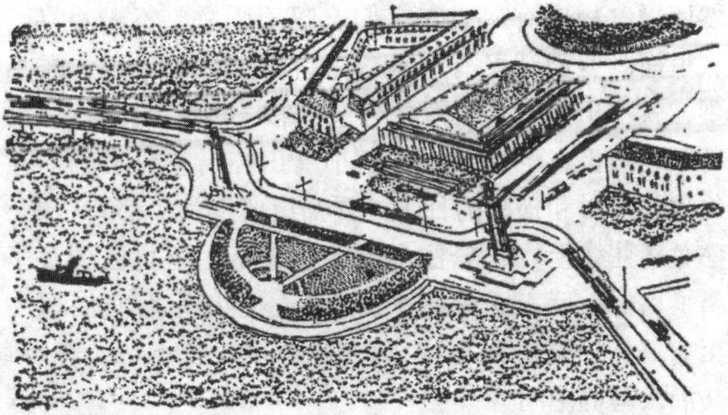

# 都市新闻

## 免费食堂

那些唱歌的鸟儿正因饥饿和寒冷受苦受难。

心疼的城市居民在花园里或直接在窗台上为它们设置了小小的免费食堂。一些人把面包片和油脂用线串起来，挂到窗外。另一些人在花园里放一篮谷物和面包。

山雀、褐头山雀、蓝雀，有时还有黄雀、白腰朱顶雀和其他冬季来客成群结队地光顾这些免费食堂。

# 学校里的森林角

无论你走到哪一所学校，每一所学校里都有一个反映活生生的大自然的角落。这里在箱子里、罐子里、笼子里生活着各式各样的小动物。这些小东西是孩子们在夏天远足的时候捉的。现在他们有太多的事要操心：所有住在这里的小东西要喂食，饮水，要按每一只小东西的习性设立住处，还得小心看住它们，别让它们逃走。这里既有鸟类，也有兽类，还有蛇、青蛙和昆虫。

在一所学校里，他们交给我们一本孩子们在夏天写的日记。看得出来，他们收集这些东西是经过考虑的，不是无缘无故的。

6 月 7 日这天写着："挂出了通告牌，要求收集到的所有东西都交给值日生。"

6 月 10 日，值日生的记录：

"图拉斯带回一只天牛。米罗诺夫带回一只甲虫。加甫里洛夫带回一条蚯蚓。雅科夫列夫带回荨麻上的瓢虫和木橐。鲍尔晓夫带回一只在围墙上的小鸟。"等等。

而且几乎每天都有这样的记载。

"6 月 25 日我们远足到了一个池塘边。我们捉了许多蜻蜓的幼虫，等等。我们还捉到一条北螈，这我们很需要。"

有些孩子甚至描述了他们捕捉到的动物。

"我们收集了水蝎子和水蚤，还有青蛙。青蛙有四条腿，每条腿有四个脚趾。青蛙的眼睛是黑色的，鼻子有两个小孔。青蛙有一双大大的耳朵，青蛙给人类带来巨大的益处。"

冬天，孩子们凑钱在商店里买了我们州没有的动物：乌龟、毛色鲜艳的鸟类、金鱼、豚鼠。你走进屋去，那里有毛茸茸的，赤身裸体的，也有披着羽毛的。有叽叽叫的，有唱着悦耳动听歌儿的，有哼哼唧唧叫的，像个名副其实的动物园。

孩子们还想到彼此交换自己饲养的动物。夏天，一所学校抓了许多鲫鱼，而另一所学校养了许多兔子，已经安置不下了。孩子们就开始交换：四条鲫鱼换一只兔子。

这都是低年级的孩子做的事。

年龄大一些的孩子就有了自己的组织。几乎每一所学校里都有少年自然界研究小组。

列宁格勒少年宫有一个小组，学校每年派自己最优秀的少年自然界研究者到那里参加活动。那里年轻的动物学家和植物学家学习观察和捕捉各种动物，在它们失去自由的情况下照料它们，制作成套动物标本，收集植物，把它们弄干燥，将它们制成标本。

整个学年从头至尾，小组成员都经常到城外和其他各处去参观游览。夏天他们整个中队远离列宁格勒，外出考察。他们在那里住了整整一个月，每个人做自己的事：植物学爱好者收集植物；兽类学研究者捕捉老鼠、刺猬、鼩鼱、兔崽子和别的小兽；鸟类学研究者寻找鸟巢，观察鸟类；爬虫学研究者捕捉青蛙、蛇、蜥蜴、北螈；水文学研究者捕捉鱼和各种水生动物；昆虫学研究者收集蝴蝶、甲虫，研究蜜蜂、黄蜂、蚂蚁的生活。

少年米丘林工作者在学校附属的园地开辟了果树和林木的苗圃。在自己不大的菜园，他们获得了很高的产量。

所有人都就自己的观察和工作写了详细日记。

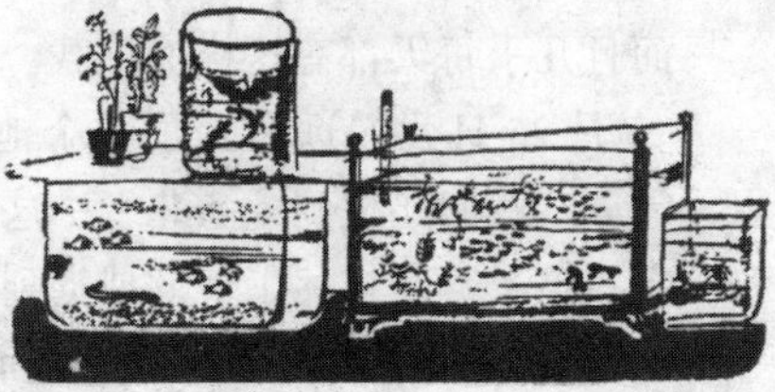

下雨和刮风，露水和炎热，田间、草地、河流、湖泊和森林中的生灵，集体农庄庄员的农活，没有一样逃脱少年自然界研究者的注意力。他们研究的是我们祖国巨大而形式多样的财富。

在我国前所未有的新一代未来的科学家、研究人员、猎人、动物足迹研究者、大自然的改造者正在成长。

# 狩猎纪事

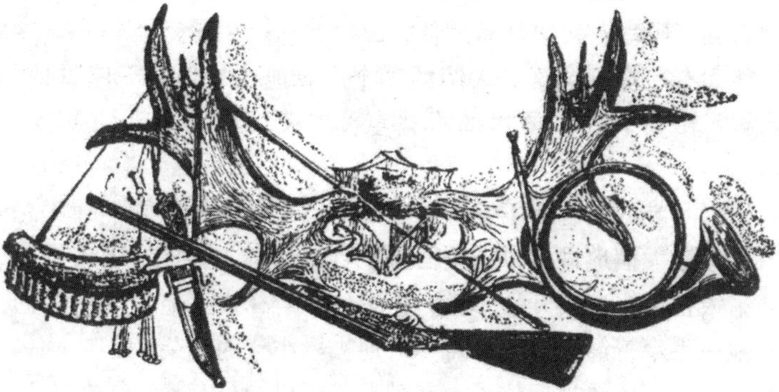

冬季正是猎取大型猛兽——狼和熊的大好时机。

冬末是森林里饥荒最严重的时候。因为饥饿，狼成群结队，壮着胆子在紧靠村边的地方出没。熊要么在洞里睡觉，要么在林子里东游西荡。“游荡者”是那样一些熊，它们一直到深秋还在吃动物尸体，还在咬死牲畜，所以来不及准备冬眠，现在就躺在“听得到声音的地方”——雪地上。游来荡去的还有那样一些熊，它们在洞里受到了惊吓，就不再回到洞里去，也不为自己寻找新的洞穴。

捕猎游荡的熊用围猎的方法，踩着滑雪板，带着猎狗。猎狗在很深的雪地里驱赶它们，直到它们停下不走为止。猎人就踩着滑雪板在后面紧紧地追。

捕猎猛兽可不比猎鸟；随时都会发生猎物变成了猎人，猎人变成了猎物的事。

在我们州狩猎过程中，这样的事是经常发生的。

# 带着小猪崽猎狼

这是一种危险的狩猎方式，难得有人有这么大胆子，敢在黑夜里独自到田野里，身边没有同伴。

然而有一次有了这么大胆的一个人。他让马驾上无座雪橇，拿着猎枪，带着装在袋子里的小猪崽，黑夜里趁着满天的月色出了村寨。

周围一带的狼有点不安分，农民们不止一次抱怨它们肆无忌惮：野兽竟大摇大摆地进到村子里面来了。

猎人拐了个弯离开了车道，悄悄地沿着林边驰上了一片荒地。

他一手牵着缰绳，一手时不时地去揪小猪的耳朵。

小猪的四条腿被捆住了；它躺在袋子里，只有脑袋露在外面。

小猪的职责是发出尖叫把狼引过来。它当然用尽平生之力不停尖叫，因为小猪耳朵很嫩，被揪耳朵时小猪感到很痛。

狼没有让自己久等。不久，猎人发现森林里有一点一点的绿中带红色的火光。火光不安地在黑魆魆的树干之间来回游移。这是狼的眼睛在闪烁。

马打起了响鼻，开始向前狂奔。猎人好不容易用一只手驾驭着它。他的另一只手要不住地揪猪耳朵：狼还不敢向坐人的雪橇攻击。只有小猪的尖叫能使它们忘却恐惧。

狼看清了：雪橇后面一根长长的绳子拖着一只袋子，在土墩和坑洼上颠簸。

袋子里装满了雪和猪粪，可狼却以为里面装着小猪，因为它们听到了小猪的尖叫，也闻到了小猪的气味。

小猪肉可是美味佳肴。当小猪就在这里，在你耳旁尖叫时，你就会忘记危险。

狼壮起了胆。

它们蹿出森林，冲向雪橇的是整整的一群——六头、七头、八头身强力壮的野兽。

在开阔的野地里，猎人在近处看去觉得它们很大。月光会骗人。它照在野兽的毛上，使野兽看上去似乎比实际上的个头大。

猎人放开小猪耳朵，抓起了猎枪。

走在前面的一头狼已经赶上颠簸着的那袋雪。猎人瞄准了它肩胛以下的地方，扣动了扳机。

前面的那头狼一个跟头滚进了雪地里。猎人把另一个枪筒里的子弹打了出去——对着另一头狼，但是马冲了起来，打偏了。

猎人用双手抓住缰绳，好不容易控制住了马。

然而狼群已在森林里消失。它们中只有一头留在老地方，在临死前的抽搐中用后腿挖着雪。

这时猎人把马完全停了下来。他把猎枪和小猪留在雪橇上，徒步去捡猎物。

夜里村里发生了一件令人心惊肉跳的事：猎人的马独自跑进了村，没有乘坐的人。在宽阔的雪橇上放着没有上膛的猎枪和捆绑着四腿可怜地哼哼叫着的小猪。

到天亮时，农民们走到野地里，从足迹上读出了夜里发生的事。

事情的原委是这样的：

猎人把打死的狼扛上了肩就向雪橇走去。他已走到离雪橇很近了，这时马闻到了狼的气息。马吓得打了个哆嗦，向前一冲，就飞奔起来。猎人独自和死狼留了下来。他随身连小刀也没有带，猎枪又落在了雪橇上。

而狼却已经从恐惧中回过神来。一群狼全部走出森林，围住了猎人。

农民们在雪地上只发现了一堆人骨和狼骨：狼群连自己的同伴也吃了。

上述事件发生在六十年前。从此以后，再也没有听说狼攻击人的事。狼只要不发疯或受伤，就连不带武器的人它也害怕。

## 在熊洞上

另一件不幸的事发生在猎熊的时候。

守林人发现了一个熊洞。他们从城里叫来了一个猎人。他们带了两条莱卡狗，悄悄走近一个雪堆，野兽就睡在雪堆下面。

猎人按照所有规则站在雪堆的侧面。熊洞的入口一般总是对着太阳升起的方向。野兽从洞里跳出以后，通常向着南方这一边去。猎人站的位置应当能使他从侧面向熊开枪：打它的心脏。

守林人从雪堆后面走过去，放开了猎狗。

两条狗闻到野兽气味后就开始狂暴地向雪堆冲去。

它们发出的喧闹声使熊不得不醒过来。但是熊很久不显露出任何有生命的迹象。

突然从雪里面伸出长着利爪的黑色脚掌，差点儿没抓着其中的一条狗。那条狗尖叫着跳到了一边。

这时野兽猛的一下从雪堆里蹿了出来，仿佛一大块黑色的泥土。出乎意料的是它没有向侧面冲去，而是直接冲向了猎人。

熊的脑袋低垂着，挡住了自己的胸口。

猎人开了一枪。

子弹从野兽坚硬的头盖骨上擦过，飞向了一边。野兽被脑门上强有力的一击激得发狂了，便将猎人扑倒在地，压在了自己身子下面。

两条猎狗咬住熊的臀部，把身子挂在上面，但无济于事。

守林人吓破了胆，毫无作用地叫喊着，挥舞着猎枪。反正也不能对它开枪，子弹可能会伤及猎人。

熊用可怕的爪子一下把猎人的帽子连同头发和头皮抓了下来。

接下去的一瞬间熊向侧面翻过身去，开始吼叫着在洒上鲜血的雪地里打滚：猎人没有惊慌失措，他拔出短刀，捅进了野兽的肚子。

猎人活下来了。熊皮至今还挂在他床头。但是现在猎人的头上仍然包着一块厚头巾。

# 森 林 报

# No. 12

## 熬待春归月

（冬三月）

2月21日至3月20日　　太阳进入双鱼星座

### 第十二期目录

# 熬到头了吗

森林年中的最后一个月，最艰难的一个月——熬待春归月来临了。

森林中所有居民粮仓中的储备已快用完。所有兽类和鸟类都变瘦了，皮下已没有保温的脂肪。由于长时间在饥饿中度日，它们的力量减退了好多。

而现在，仿佛有意捣蛋似的，森林里刮起了阵阵暴风雪，严寒越来越厉害。冬季还有最后一个月好游荡，它却让最凶狠的天寒地

冻的气候降临大地。每一头野兽，每一只鸟儿，现在可要坚持住，鼓起最后的力量，熬到大地回春时。

我们驻林地的记者走遍了所有森林。他们担心着一个问题：野兽和鸟类能熬到春暖花开的时候吗?

他们在森林里不得不见到许多悲惨的事情。森林里有些居民受不了饥饿和寒冷，夭折了。其余的能勉强支撑着再熬过一个月吗?确实会遇到这样的一些动物，为它们没有必要担惊受怕：它们不会完蛋。

## 玻璃青蛙

我们驻林地的记者打碎了一个连底冻的池塘的冰块，从下面挖取淤泥。在淤泥中有许多一堆堆钻进里面过冬的青蛙。

等把它们弄出以后，它们看上去完全像是玻璃做的。它们的身体变得很脆，细细的腿稍稍一碰就会断裂，同时发出清脆的响声。

我们的记者拿了几只青蛙回家。他们小心翼翼地在温暖的房间里让冻结成冰的青蛙一点点回暖。青蛙稍稍苏醒过来，开始在地上跳跃。

因此可以期待，一旦春季里太阳融化了池内的坚冰，晒热了池水，青蛙会在里面活着苏醒过来，而且健健康康。

# 睡宝宝

在托斯纳河①岸上，距萨博里诺十月火车站不远处，有一个岩洞。以前人们在那里采沙，现在那里已经多年无人光顾了。

我们的林地记者到了这个洞穴，在它的顶上发现了许多蝙蝠——大耳蝠和棕蝠。它们这样头朝下，爪子抓住粗糙的洞顶，已经沉睡了五个月。大耳蝠把自己的大耳朵藏在折叠的翅膀里，用翅膀把身子包起来，仿佛裹在毯子里，挂着睡觉。

我们的记者为大耳蝠和棕蝠如此漫长的睡眠担心起来，就给它们测脉搏，量体温。

夏天蝙蝠的体温和我们一样，37 摄氏度左右，脉搏每分钟 200 次。

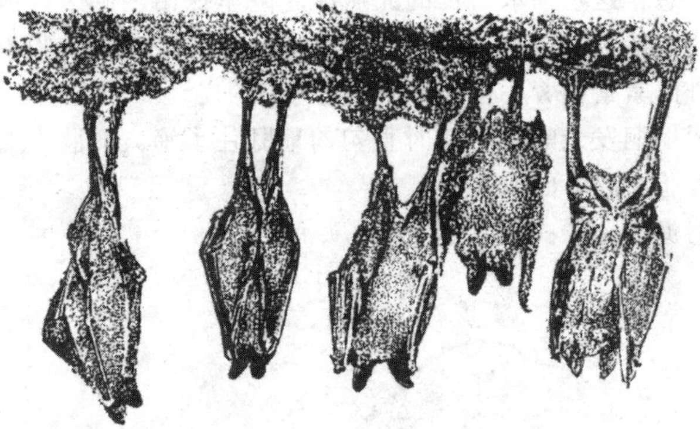

现在测量得到的脉搏每分钟只有 50 次，而体温只有 5 摄氏度。

尽管如此，小小的睡宝宝的健康肯定丝毫不用担心。

它们还能自由自在地睡上一个月，甚至两个月，当温暖的黑夜来临时，它们就完全健康地苏醒过来。

① 托斯纳河，原苏联列宁格勒州境内河流，河畔有托斯诺城。

# 林间纪事

## 钻出冰窟窿的脑袋

一个渔夫在涅瓦河口芬兰湾的冰上走路。经过一个冰窟窿时，他发现从冰下伸出一个长着稀疏的硬胡须的光滑脑袋。

渔夫想，这是溺水而亡的人从冰窟窿里探出的脑袋。但是突然那个脑袋向他转了过来，于是渔夫看清了这是一头野兽长着胡须的嘴脸，外面紧紧包着一张长有油光光短毛的皮。

两只炯炯发光的眼睛顿时直勾勾地盯住了渔夫的脸。然后扑通一声，嘴脸在冰下面消失了。

这时渔夫才明白自己看见了一头海豹。

海豹在冰下捕鱼。它只是把脑袋从水里探出一小会儿，以便呼

吸一下空气。

冬季，渔民经常在芬兰湾趁海豹从冰窟窿爬到冰上时打死它。

甚至常会有海豹追逐鱼儿而游入涅瓦河的事。在拉多什湖上有许多海豹，所以那里有了正式的海豹捕猎业。

## 冷水浴爱好者

在加特钦纳波罗的海火车站附近一条小河上的冰窟窿边，我们的一位驻林地记者发现了一只黑肚皮的小鸟。

时当冻得咯咯响的严寒天气，虽然天空中太阳高照，我们的记者在那个早晨仍不止一次地不得不用雪去摩擦冻得发白的鼻子。

所以听到一只黑肚皮的小鸟在冰上唱得这么欢，他感到十分惊讶。

他走得靠近些。这时小鸟跳将起来，一下子扑通一声跳进了冰窟窿！

“它会淹死的！”记者想，于是赶快跑到冰窟窿边，想把失去理智的小鸟救出来。

小鸟在水下用翅膀划水，就像游泳的人用双臂划水一样。

它那深暗的脊背在清澈的水里闪烁，宛如一条银晃晃的小鱼。

小鸟潜到水底，在那里快跑起来，用尖尖的爪子抓住沙子。在一个地方稍稍逗留了一会。它用喙翻转一块小石头，从下面捉出一只黑色的水甲虫。

可是不一会儿，它已经从另一个冰窟窿出来，跳到了冰上，俯身一抖，仿佛没那回事似的，又欢乐地唱了起来。

我们的记者把手向冰窟窿里伸了进去。“也许这里有温泉，河水是温的?”他想道。

但是他立马把手从窟窿里收了回来：冰冷的水刺得手生痛。

直到这时他才明白，他面前的是只水里的麻雀——河乌。

这也是一种不守常规的鸟，犹如交嘴鸟那样。它的羽毛上覆盖着薄薄的一层脂肪。当水中的麻雀潜入水中时，涂有脂肪层的羽毛中的空气变成了一个个气泡，就泛起了点点银光。小鸟仿佛穿上了一件空气做的衣服，所以即使在冰冷的水中它也觉不到冷。

在我们列宁格勒州水麻雀是稀客，只有在冬季才会经常出现。

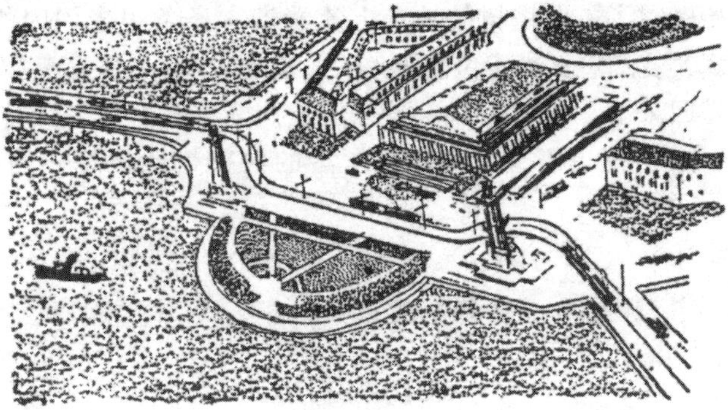

# 都市新闻

## 神奇的小白桦

昨天傍晚和夜里下了一场温暖而黏湿的雪，门口台阶前花园里，我那棵可爱的白桦树上，光秃秃的树枝和整个白色的树干沾满了雪花。可凌晨时天气却骤然变得十分寒冷。

太阳升上了明净的天空。我一看，我的小白桦变成了一棵神奇的树：直至每一根细小的枝条，它全身仿佛被浇了一层糖衣；湿雪结成了薄冰。我的整棵白桦树都变得亮晶晶了。

飞来了尾巴长长的山雀，一只只毛茸茸的、暖和和的，仿佛一个个插着编针的小小的白色毛线球。它们停到小白桦上，在枝头辗转跳跃——用什么当早餐呢？

爪子打着滑，嘴巴又啄不穿冰壳，白桦只是冷漠地发出玻璃般细细的叮咚声。

山雀抱怨地尖叫着飞走了。

太阳越升越高，越晒越暖，化开了冰壳。

神奇的白桦树上，所有的枝条和它的树干开始滴水，于是它仿佛变成了一个冰的喷泉。

开始融雪了。白桦树的枝条上流淌着一条条银光闪闪的小蛇，熠熠生辉，变幻着五光十色。

山雀回来了。它们不怕弄湿了爪子，纷纷停上枝头。现在它们高兴了：爪子再也不会打滑，化了雪的白桦树还招待它们美味的早餐。

*驻林地记者：维丽卡*

## 最初的歌声

在一个酷寒然而阳光明媚的日子里，城里的各个花园里响彻了春季最初的歌声。

唱歌的是一种叫“津奇委尔”的山雀。歌声倒十分简单：

“津—奇—委尔！津—奇—委尔！”

就这么个声音。不过这首歌唱得那么欢，仿佛是一只金色胸脯的活泼小鸟想用它鸟类的语言告诉天下：

“脱去外衣！脱去外衣！春天来哩！”

# 狩猎纪事

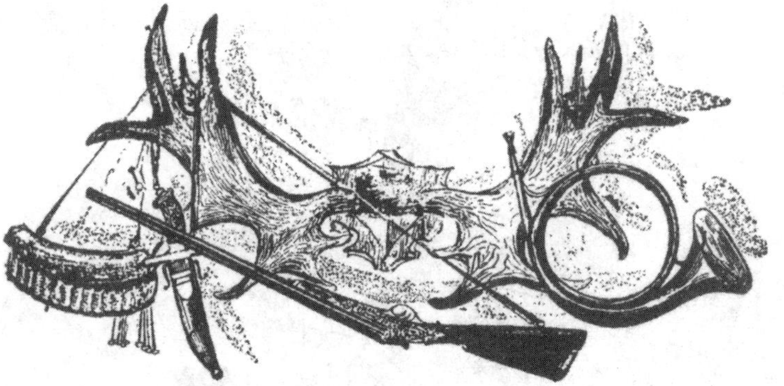

## 巧妙的捕兽器

与其说猎人捕猎野兽靠的是猎枪，不如说靠的是形形色色巧妙的捕兽器。为了想出一个好的捕兽器，需要有很强的发明能力和有关野兽性格与习性的准确知识。捕兽器不仅要会做，还要会放置。一个笨拙的猎人，他的捕兽器总是一无所获，而一个有经验的猎人，他的捕兽器通常总是带着猎物。

钢铁捕兽夹既不用发明，也不用制作，——去买来得了。可学会放置捕兽器就不那么简单了。

首先得知道放在什么地方。捕兽器要放在洞边，兽径上，在交会点——野兽聚集和许多兽迹交错的地方。

其次要知道如何准备和放置。要捕捉警惕性很高的野兽，像貂呀、猞猁呀，先要把捕兽夹在针叶的汤水里煮过；用木耙耙掉一层雪，用戴手套的双手放上捕兽夹，再在上面放上从这个地方耙掉的

雪，用耙子蹚平。没有这些预防措施，敏感的野兽就能闻到人的气息，甚至雪下铁器的气息。

如果放置对付大型、力气大的野兽的夹子，那要将它和一段沉重的原木拴在一起，使野兽拖着它跑不远。

如果放置捕兽夹时带诱饵，就该明白给什么野兽吃什么。一种给老鼠，另一种给肉，第三种给鱼干。

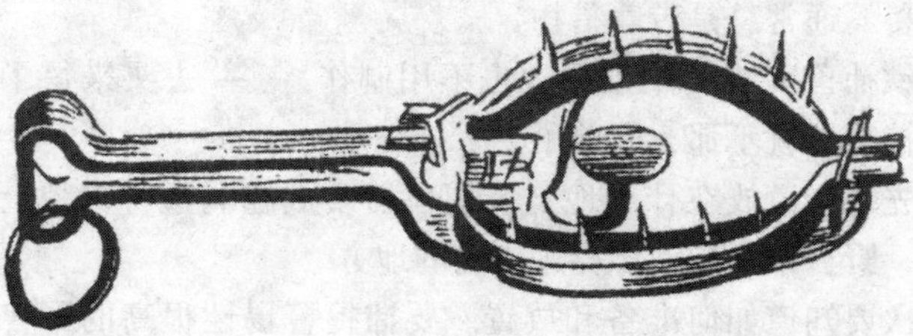

## 狼　坑

捕狼可设置狼坑。

在狼经过的小道上挖一个椭圆形深坑，坑壁要垂直。坑的大小要容得下狼，又使它无法助跑起跳。在上面盖上一些细木杆，再撒上树条、苔藓、麦秸。上面再盖上雪。把所有人为痕迹都掩盖掉，使你认不出哪儿是深坑。

夜里狼从小道上走过。第一头狼刚走到就掉进了坑里。

早晨就可取活狼了。

## 狼陷阱

还有设“狼陷阱”的。把木桩打进土里围成一圈。这个圈要把另一个用木桩围成的圈围在里面，使得狼能在两圈木桩之间挤得过去。

在外圈上装一扇开向夹层内部的门。在里圈内放入一只小猪、一只山羊或羔羊。

狼闻到猎物气息后就走进外圈的门里，开始在两道木桩间狭小的夹层里走圈儿。走完一整圈后第一头狼的嘴脸碰上了门，而门又妨碍它继续往前走（要转身又不可能）。这样门就堵上了，于是所有的狼都被捉住了。

它们就这样围着被隔离的羔羊无休止地走下去，直至猎人来收拾它们。在这种情况下羔羊完好无损，而狼却没有吃饱。

## 熊洞边的又一次遭遇

*（本报特派记者）*

塞索伊·塞索伊奇踩着滑雪板走在一块长满苔藓的大沼泽地上。当时正值2月底，下了很多雪。

沼泽地上耸立着一座座孤林。塞索伊·塞索伊奇的莱卡狗佐里卡跑进了其中的一座林子，消失在树丛后面。突然从那里传来了狗叫声，而且叫得那么凶，那么激烈。塞索伊·塞索伊奇马上明白猎狗碰上熊了。

这时，小个子猎人颇为得意，因为他带了一把能装五发子弹的好枪。于是他急忙向狗叫的方向赶去。

佐里卡对着一大堆被风暴刮倒的树木狂叫，那上面落满了雪。塞索伊·塞索伊奇选择好位置，匆匆忙忙从脚上脱去滑雪板，踩实脚下的积雪，做好了射击的准备。

很快，从雪地里露出一个宽脑门的黑脑袋，闪过一双睡意蒙眬的绿色眼睛。按捕熊人的说法，这是野兽在和人打招呼。

塞索伊·塞索伊奇知道，熊在遭遇敌手时仍然要躲起来。它会到那里的洞里躲起来，再猛然跳将出来。所以猎人趁野兽把脑袋藏起来之前就开了枪。

然而过快的瞄准反而不准，后来得知子弹只伤了熊的面颊。

野兽跳了出来，直向塞索伊·塞索伊奇扑来。

幸好第二枪几乎正中目标，将野兽打翻在地了。

佐里卡冲过来撼动死熊的尸体。

熊扑过来时，塞索伊·塞索伊奇来不及害怕。但是当危险过去以后，强壮的小个儿汉子一下子全身瘫软了。眼前一片模糊，耳朵里嗡嗡直响。他往整个胸腔里深深地吸了一口冰冷的空气，仿佛从沉重的思虑中清醒了过来。这时他才觉得刚才自己经历了一件可怕的事情。

在和巨大的猛兽危险地面对面遭遇后，每一个人，即使是最勇敢的人，往往都会有这种感受。

突然，佐里卡从熊的尸体边跳开了，汪汪叫了起来，又冲向了那个树堆，不过现在是向另一边冲过去。

塞索伊·塞索伊奇瞟了一眼，惊呆了：那里露出了第二头熊的脑袋。

小个儿男人一下子镇定下来，很快就瞄准，不过瞄得很仔细。

这次，他成功地一枪就把野兽在树堆边就地撂倒。

然而，几乎是在顷刻之间，从第一头熊跳出的黑洞里冒出了第三头熊的宽脑门的棕色脑袋，而在它后面又跟着冒出了第四头熊的脑袋。

塞索伊·塞索伊奇慌了神，恐惧攫住了他。似乎整个林子里的熊都聚集到了这个树堆里，而此刻都向他爬来了。

他瞄也没瞄就开了一枪，接着又开了一枪，然后把打完子弹的枪扔到了雪地里。他发现第一枪打出以后棕色的熊脑袋不见了，而佐里卡意外地撞着了最后一颗子弹，竟一枪毙命倒在了雪地里。

这时他双腿发软，下意识地向前跨了三四步。塞索伊·塞索伊奇绊着了他打死的第一头熊的尸体，倒在了上面，接着就失去了知觉。

不知他这样躺了多久。苏醒的过程是令人胆战心惊的：有什么东西很痛地在揪他的鼻子，他想去抓鼻子，但是手碰到了暖烘烘、毛茸茸会动的一样东西。他睁开了眼睛，一双睡意蒙眬的绿色熊眼睛正盯着他的双眼。

塞索伊·塞索伊奇一声惊叫，那声音已不是他自己的了，他猛然一挣，把鼻子脱出了野兽的嘴巴。

他像个呆子似的站了起来，拔腿就跑，但马上跌进了齐腰深的雪里，陷在了雪地里。

他回头一看，方才明白刚才揪他鼻子的是一头小熊崽。

塞索伊·塞索伊奇的心没有能马上平静下来，他弄清楚了自己历险的全过程。

他用最先的两颗子弹打死了一头母熊。接着从树堆另一边跳出来的是一头三岁的幼熊。

幼熊年纪还小，总是雄性。夏天它帮熊妈妈带小弟弟小妹妹，冬季就在离它们不远的地方冬眠。

在这堆被风暴摧折的巨大树堆里，有两个熊洞。一个洞里睡着幼熊，另一个洞里睡着母熊和它的两头一岁的熊崽子。

熊崽子还小，体重充其量跟一个 12 岁的人差不多。但是它们已经长出了宽宽的脑门，大大的脑袋，以致他因为受了惊吓糊里糊涂把它们的脑袋当成了成年熊的头颅。

在猎人晕倒在地时，熊的家庭中唯一幸存的小熊崽走到了熊妈妈身边。它开始拱死去的母熊的胸脯，碰到了塞索伊·塞索伊奇温暖的鼻子，显然把塞索伊·塞索伊奇这个不大的突出物当成了母亲的乳头，于是叼进嘴里吸了起来。

塞索伊·塞索伊奇把佐里卡就地在林子里埋了。他抓住熊崽带回了家。

这头小熊崽原来是头很好玩又很温和的野兽，非常依恋因失去佐里卡而只剩自己孤身一人的小个儿猎人。